होमियोपै

सामान्य रोगों की सरल चिकित्सा

लेखक

रमेश चन्द्र शुक्ल

वी एण्ड एस पब्लिशर्स

प्रकाशक

वी एण्ड एस पब्लिशर्स

F-2/16, अंसारी रोड, दरियागंज, नई दिल्ली-110002
☎ 23240026, 23240027 • *फैक्स:* 011-23240028
E-mail: info@vspublishers.com • *Website:* www.vspublishers.com

क्षेत्रीय कार्यालय : हैदराबाद
5-1-707/1, ब्रिज भवन (सेन्ट्रल बैंक ऑफ इण्डिया लेन के पास)
बैंक स्ट्रीट, कोटी, हैदराबाद-500 095
☎ 040-24737290
E-mail: vspublishershyd@gmail.com

शाखा : मुम्बई
जयवंत इंडस्ट्रिअल इस्टेट, 2nd फ्लोर - 222,
तारदेव रोड अपोजिट सोबो सेन्ट्रल मॉल, मुम्बई - 400 034
☎ 022-23510736
E-mail: vspublishersmum@gmail.com

फ़ॉलो करें:

हमारी सभी पुस्तकें **www.vspublishers.com** पर उपलब्ध हैं

मुद्रक: **रेप्रो नॉलेजकास्ट लिमीटेड, ठाणे**

प्रकाशकीय

'वी एंड एस पब्लिशर्स' अनेक वर्षों से समाज के प्रत्येक वर्गों के लिये आत्मविकास, सामान्य ज्ञान, साहित्य तथा चिकित्सा सम्बन्धी पुस्तकें प्रकाशित करते आ रहे हैं। इसी क्रम में जब हमारा ध्यान होमियोपैथी चिकित्सा की ओर गया तो हमने इस विषय पर जनसामान्य की भलाई के लिए **'होमियोपैथी'** पुस्तक प्रकाशित किया है।

आज की आधुनिक जीवनशैली वास्तव में कई तनावजनित रोगों को जन्म दे रही है। होमियोपैथी में इन रोगों का इलाज अपेक्षाकृत आसान और कम खर्च में संभव होने के कारण यह आम लोगों के ज्यादा अनुकूल भी है। यों तो बाजार में होमियोपैथी चिकित्सा की कई पुस्तकें उपलब्ध हैं, मगर प्रस्तुत पुस्तक में सर्दी-जुकाम, बुखार, मधुमेह रक्तचाप, हृदय रोग, कैंसर, चर्म रोगों, मुहाँसे, फोड़े-फुन्सियाँ, एवं शिशु रोगों सम्बन्धी चिकित्सा के लिये विशेषतौर पर चुने हुये 77 प्रमुख औषधियों के विवरण सहज और आसान हिन्दी भाषा में दिये गये हैं। होमियोपैथी के बारे में सभी के लिये यह जानना आवश्यक है कि यह चिकित्सा पद्धति एलोपैथी चिकित्सा से बिलकुल ही भिन्न है। होमियोपैथी इलाज में एलोपैथी की तरह न तो किसी प्रकार का साइड इफेक्ट होता और न ही इसके इलाज के पहले किसी रोगी को किसी महँगे टेस्ट की आवशकता पड़ती है। इसलिए होमियोपैथी आमजनों के लिये अधिक सुविधाजनक एवं उपयोगी है।

होमियोपैथी के लेखक स्वामी रमेश चंद्र शुक्ल की दो पुस्तकें Yogasanas and Pranayams एवं Reiki and Alternative Therepies हमारे प्रकाशन द्वारा पूर्व में प्रकाशित की जा चुकी है, जिसे पाठकों की ओर से भरपूर सराहना मिली है।

हमारी ओर से प्रस्तुत पुस्तक को त्रुटिरहित रखने का यथासंभव प्रयास किया गया है। फिर भी किसी प्रकार की भूल-सुधार के लिये आप हमारे ई मेल पर इसकी सूचना दे सकते हैं, ताकि आगामी संस्करण में भूल-सुधार किया जा सके।

नोट : पाठकों को हमारा सुझाव है कि पुस्तक में बताये गये किसी भी दवा को प्रयोग में लाने के पूर्व होमियोपैथी के किसी योग्य एवं अनुभवी चिकित्सक से इसके बारे में अवश्य सलाह लें।

विषय-सूची

भूमिका

होमियोपैथी के आविष्कारक जर्मनी के डाक्टर सैमुएल हैनिमैन थे। हालाँकि होमियोपैथी का आविष्कार हुए लगभग 250 वर्ष हो चुके हैं, फिर भी इस चिकित्सा पद्धति की लोकप्रियता दिनों दिन बढ़ती ही जा रही है। इस चिकित्सा पद्धति के लोकप्रिय होने के अनेक कारण हैं। सबसे प्रमुख कारण यह है कि अन्य चिकित्सा पद्धतियों की अपेक्षा होमियोपैथी कम खर्चीली है। आज के डाक्टर मरीजों को बड़ी खर्चीली मेडिकल जाँच (टेस्ट) लिखते हैं, किन्तु इस चिकित्सा पद्धति में ऐसी जाँचों को विशेष महत्त्व नहीं दिया जाता है। इसके अलावा इस पद्धति के अतिरिक्त परिणामों (साइड इफेक्ट्स) की सम्भावना भी नहीं के बराबर है। सुविधा और सुरक्षा की दृष्टि से होमियोपैथी एक साधारण आदमी के लिए अत्यन्त अनुकूल है, इतना ही नहीं तीव्र या शल्यचिकित्सकीय स्थितियों से बचने के लिए इस चिकित्सा पद्धति का उपयोग बड़ा ही उपयोगी माना गया है। होमियोपैथिक औषधियाँ सुरक्षित, सस्ती, व्याधिनाशक और आसानी से उपलब्ध होने के साथ-साथ छोटे शिशुओं के लिए भी बड़ी ही प्रभावशाली है। इसमें एलोपैथिक दवाओं के विपरीत प्रभावों को भी ठीक करने की अद्भुत क्षमता है।

होमियोपैथी का सम्बन्ध मनुष्य की आंतरिक शक्तियों से है। मनुष्य के स्थूल शरीर पर उसके विचारों, मनोभावों और अन्य सूक्ष्म तत्त्वों का भी बहुत प्रभाव पड़ता है, हमारे स्थूल शरीर में जो अस्वस्थता आती है, उसका सूत्रपात हमारे सूक्ष्म मन में होता है और रोग का आरम्भ स्थूल शरीर में ही नहीं बल्कि सूक्ष्म मन में तथा हमारी आंतरिक जीवनी शक्ति में भी होता है। इसी को आधार मानकर होमियोपैथी में सूक्ष्म औषधियों का भी प्रयोग किया जाता है, इसीलिए होमियोपैथी एलोपैथी की अपेक्षा अधिक प्रभावशाली तरीके से काम करती है।

होमियापैथी के बारे में यह भी जानना आवश्यक है कि यह चिकित्सा पद्धति एलोपैथी से पूर्णतः भिन्न है। इसे किसी भी प्रकार से एलोपैथी चिकित्सा

के पूरक के रूप में नहीं देखना चाहिए। आज का मानव अनेक असाध्य और कठिन रोगों से ग्रस्त है। उच्च रक्तचाप, हृदय रोग, मधुमेह, कैंसर, अस्थमा आदि अनेक रोग बहुत तेजी से बढ़ रहे हैं, जिनका एलोपैथी के डाक्टरों के पास कोई निश्चित और स्थायी समाधान नहीं है। ऐसी स्थिति में होमियोपैथी चिकित्सा की उपयोगिता और भी बढ़ जाती है। आज के प्रायः अधिकतर रोग तनाव जनित हैं। इन परिस्थितियों में मेरा मानना है कि होमियोपैथी चिकित्सा से इस दिशा में प्रयोग करने से अद्भुत परिणाम देखने को मिलेंगे। मैं स्वयं हीलिंग के क्षेत्र में वर्ष 1997 से कार्यरत हूँ तथा योग की भाँति होमियोचिकित्सा से भी मेरा बड़ा लगाव रहा है। मैं होमियोपैथी की दवाइयों का स्वतः प्रयोग करता आया हूँ और इसके परिणाम स्वयं देखे हैं। मैं अपने प्रिय होमियोपैथी के चिकित्सक डा. बन्सल, (सोनीपत) तथा डा. चन्द्रभूषण त्रिपाठी जी का बहुत ही आभारी हूँ, जो वर्षों से होमियोपैथी का इलाज करते आ रहे हैं तथा मेरा इस चिकित्सा पद्धति में मार्गदर्शन किया है। डा. कल्पना माथुर तथा डा. मधु त्रिपाठी जो होमियोपैथी चिकित्सा में बाल एवं स्त्री रोगों की विशेष चिकित्सिका हैं, मैं मार्गदर्शन हेतु उनका भी आभारी हूँ।

मैंने 24 जून 2013 से 29 जून 2013 तक सोनीपत जिले में स्थित ओशाधारा केन्द्र में देश के जाने-माने होमियोपैथी के अनेक विशेषज्ञों के साथ होमियोप्रज्ञा कार्यक्रम सदगुरु ओशो सिद्धार्थ के सानिध्य में किया है, जिसमें मुझे इस चिकित्सा पद्धति के सम्बन्ध में अद्भुत ज्ञान प्राप्त हुआ है, मैं उनके प्रति भी आभार प्रकट करता हूँ।

इस पुस्तक के लेखन का मुख्य उद्देश्य सस्ती, सुलभ और प्रभावकारी चिकित्सा को जन-जन तक पहुँचाना है।

स्वामी रमेश चन्द्र शुक्ल
अध्यक्ष
रेकी कुण्डलिनी योग थिरेपी सेन्टर

1

जहरीले तत्त्वों से बने मूलार्क के लिए आवश्यक निर्देश

मूलार्क (मदर टिंचर) की सेवन विधि

ध्यान रखें कि जो मूलार्क रासायनिक तत्त्वों से अथवा जहरीले सर्पों या संखिया धतूरा इत्यादि से बनते हैं, उनके मूलार्क सेवन नहीं किये जाते हैं तथा ऐसी दवाइयों को कम पोटेन्सी जैसे 3, 6, 30 से नीचे की पोटेन्सी में प्रयोग नहीं करना चाहिए।

जो मूलार्क सेवन किये जा सकते हैं, उनकी 5 बूँद से 15 बूँद तक मात्रा एक बड़े चम्मच में सादे पानी में मिलाकर सेवन करना चाहिए।

पोटेन्सी (शक्ति) : यह पोटेन्सी एक से एक लाख तक होती है, इसे निम्न प्रकार से जाना और लिखा जाता है-

कम पोटेन्सी	1, 3, 6, 12, 30 सीसी
मध्यम पोटेन्सी	200-1000 सीसी
ज्यादा पोटेन्सी	5000,-10,000, 50,000-10,0000 सीसी
सीसी	सेटेसीमल पोटेन्सी अनुपात 1+99
x एक्स पोटेन्सी	डेसीमल पोटेन्सी अनुपात 1+9

नोट : अंग्रेजी का अक्षर एम (M) 1000 पोटेन्सी को सूचित करता है। जैसे-

1M = 1000, 10M = 10,000, 50M = 50,000

CM = 100000

पोटेन्सी का चुनाव

उच्च और मध्यम पोटेन्सी

1. जो बच्चे बहुत संवेदनशील हों
2. बहुत बुद्धिजीवी, कल्पनाशील तथा नर्वस और भावुक व्यक्ति
3. दिमागी बीमारियों वाले व्यक्ति
4. जो क्रूड या निम्न पोटेन्सी की दवायें कभी पहले ले चुके हों

निम्न पोटेन्सी

1. कमजोर रोगी जिनकी जीवन ऊर्जा कम हो
2. गूँगे-बहरे तथा अल्प विकसित रोगी
3. प्राणघातक बीमारी हैजा, डायरिया, कैंसर आदि
4. शरीर से ताकतवर किन्तु मन्दबुद्धि वाले लोग

होमियोपैथी की औषधियों की पोटेन्सी दो तरह की होती है जिनके लिए अंग्रेजी के दो अक्षर प्रयोग किये जाते है। सी (C) और एक्स (X)। सी पोटेन्सी के लिए जो गणित प्रयोग किया जाता है, उसका फार्मूला 1+99 = 100 होता है। इसका तात्पर्य यह है कि मूल तत्त्व का एक भाग और रिक्टीफाइड स्प्रिट या अल्कोहल अथवा सुगर ऑफ मिल्क का 99 भाग प्रयोग होता है।

एक्स-पोटेन्सी के लिए मूल तत्त्व का एक भाग और रिक्टीफाइट स्प्रिट अथवा सुगर ऑफ मिल्क 9 भाग (1+9 = 10) (C) सी को सेटेलिमल पोटेन्सी कहते हैं और (X) एक्स को डेसीमल पोटेन्सी कहते हैं। वैज्ञानिकों का कहना है कि 6 पोटेन्सी तक मूल तत्त्व को दूरदर्शी यन्त्र (Microscope) से देखना सम्भव है।

2

सामान्य निर्देश तथा परहेज

नियम : होमियोपैथिक औषधियों को लेने के कुछ नियम हैं जिनका पालन करना बहुत आवश्यक है।

उदाहरण के लिए -

1. जो दवायें प्रात: ली जाये (2-3 खुराक) वे निराहार ही लें तथा उन्हें 10-10 मिनट के अन्तर पर दो-तीन खुराकें ही लेना चाहिए।

2. ध्यान रहे कि सुबह ली जाने वाली औषधि प्राय: उच्चशक्ति (200 या 1000 या अधिक) की हो सकती है।

3. अल्पकालिक रोगों में प्राय: निम्न शक्ति की दवाइयों (3X से 30) का उपयोग किया जाता है।

4. मूल अर्क की 5 से 15-20 बूँद एक चौथाई पानी में मिलाकर देना चाहिए।

5. यदि किसी कारण एलोपैथिक दवाइयाँ ले रहे हों, तो इसका होमियो औषधि से 2 घंटे का अन्तर अवश्य होना चाहिए।

6. दो औषधियों के मध्य भी लगभग आधे घंटे का अन्तर अवश्य होना चाहिए।

7. औषधि लेने से 15 मिनट पूर्व और औषधि लेने के 15 मिनट बाद तक कुछ भी खाना या पीना नहीं चाहिए।

8. औषधि लेने से पूर्व साफ पानी से कुल्ला करके मुँह स्वच्छ कर लेना चाहिए।

9. पुरुष और स्त्रियों की खुराक समान होती है। उसमें कोई अन्तर नहीं होता है, किन्तु बच्चों की खुराक कम होती है। तीन साल के बच्चों की खुराक बड़ों की खुराक से एक चौथाई होनी चाहिए। छोटे बच्चों को एक चम्मच में थोड़ा-सा पानी लेकर उसमें दवा की एक बूँद मिला लें

अथवा यदि औषधि गोलियों में हो तो 40 नम्बर की एक गोली इसी प्रकार चम्मच में घोलकर पिला दें।

10. 12 साल के बच्चों को बड़ों की खुराक से आधी खुराक (अर्थात् अधिकतम दो बूँद दवा एक बार में और यदि गोलियों के हो तो चार गोलियाँ (40 नम्बर) की देना चाहिए।

11. पान-मसाला, पान तम्बाकू, बीड़ी, शराब तथा खुशबूदार वस्तुओं से परहेज करें।

12. सभी औषधियाँ निर्धारित मात्रा में ही लेना चाहिए।

13. औषधियाँ श्रेष्ठ क्वालिटी और विश्वसनीय दुकान तथा श्रेष्ठ कम्पनी की ही खरीदी जानी चाहिए।

समय का अन्तर: नई बीमारियों में साधारणत: 6, 30 नं. की दवायें 24 घंटे के 3, 6 खुराक तक दी जानी चाहिए। हैजा सन्निपातिक ज्वर आदि भयंकर परिस्थितियों के दौरान 10-15 मिनट तक के अन्तर पर भी दवा दी जा सकती है पुरानी बीमारियों में 200 नं. दो-तीन दिनों के अन्तर से 1000 तक एक सप्ताह या 10 दिनों के अन्तर से दवा देना चाहिए।

ध्यान रहे कि नई बीमारियों में साधारणत: निम्न क्रम (1X, 3X, 6, 12, 30) का प्रयोग करना चाहिए तथा पुरानी बीमारियों में 200, 500, 1000 तथा 100,000 का प्रयोग विवेक के अनुसार कर सकते हैं।

3

होमियोपैथी के इलाज में सावधानी

होमियोपैथी के इलाज में निम्न सावधानियाँ बरतनी चाहिए-

1. उच्च पोटेन्सी की दवाओं के प्रयोग में अत्यधिक सावधानी बरतने की आवश्यकता होती है, इसका हमेशा ध्यान रखें।
2. ऐसा सोचना ठीक नहीं है कि होमियोपैथी की दवायें पूर्णतया सुरक्षित है और उनका बिना सोचे समझे अनाप-शनाप ढंग से प्रयोग किया जा सकता है। यद्यपि यह सत्य है कि चिकित्सा की दूसरी विधाओं जैसे आयुर्वेद या एलोपैथी की तुलना में होमियोपैथी ज्यादा सुरक्षित है, फिर भी अनुभवहीनता का इस चिकित्सा में कोई स्थान नहीं हो सकता है।
3. उच्च शक्ति की दवाओं को अनुभवी होमियोपैथिक चिकित्सक द्वारा दिया जाना चाहिए अन्यथा हानि की भी संभावना रहती है। लम्बे समय तक भी बहुत ऊँची पोटेन्सी के इस्तेमाल से बचना चाहिए।

नीचे लिखे दवाओं के प्रयोग में आवश्यक सावधानियाँ

1. लाइकोपोडियम को सल्फर के बाद इस्तेमाल न करें।
2. इग्नेशिया रात में लेने से अनिद्रा हो सकती है।
3. कैली वाई क्रोम बहुत जल्दी-जल्दी न दोहरायें।
4. कैली वाई क्रोम का कैलकेरिया कार्ब के बाद प्रयोग न करें।
5. हीपर सल्प का सर्दी-जुकाम के प्रारम्भ में उपयोग न करें।
6. कार्बोवेज अतिसार अथवा रोग की आरम्भिक अवस्था में इसका उपयोग न करें।
7. **कैंफर**- इसे पानी में इस्तेमाल न करें। जब पसीना आ रहा हो तब भी इसका उपयोग न करें।
8. **कैल्केरिया कार्व**- इसे वरायटा कार्व या कैलीवाई क्रोम के पहले इस्तेमाल न करें।

9. **वेलिस पेरेनिस**- रात में सोते समय न दें इससे अनिद्रा हो सकती है।

10. **वरायटा कार्व** - सर्दी जनित दमा में इसका प्रयोग न करें।

11. **एकोनाइट**- मलेरिया बुखार तथा ज्वर चढ़ने के दौरान इसका उपयोग न करें।

12. **एपिस मेल**- गर्भावस्था में विशेषकर तीसरे महीने के आस-पास इसका प्रयोग न करें, इससे गर्भपात भी हो सकता है।

13. टी.बी. के पुराने मरीज को हीपर सल्फ बड़ी सतर्कता से दें। साइलेशिया भी पुराने टी.बी. में नहीं दें तथा फास्फोरस का प्रयोग भी बड़ी सावधानी से करें।

14. **अर्निका भंट**- पागल कुत्ते के काटने पर इसका इस्तेमाल न करें। हाइड्रोफाविनम दिया जा सकता है।

15. **कास्टिकम**- पक्षाघात में इसे बहुत जल्दी-जल्दी न दें। सप्ताह में केवल एक या दो बार ही दें।

16. **लैकेसिस**- बार-बार दवा न दोहरायें, ऊँची पोटेन्सी का प्रयोग न करें। यह बायें अंग में अधिक लाभ करता है।

रोगी के लक्षणों की विवेचना

एक सफल होमियोपैथी चिकित्सक के लिए यह आवश्यक है कि वह रोगी के लक्षणों का बड़ी बारीकी से अध्ययन करे ताकि उसे रोगी के कष्टों के बारे में विस्तार से जानकारी हो जाये। रोगी का शरीर, रोगी का स्नायुतन्त्र, रोगी के शारीरिक और मानसिक लक्षणों का विस्तृत विवरण दे सकता है। अतः रोगी के बताये गये लक्षणों पर भी विशेष ध्यान देना नितान्त आवश्यक है। इसे हम चार भागों में बाँट सकते हैं।

1. **देखना**- रोगी को बारीकी से देखने की आदत डालें, इससे रोगी के प्रत्यक्ष लक्षणों का आपको ज्ञान हो जायेगा। रोगी के सोचने के तरीके, उसके स्वभाव, व्यवसाय, पारिवारिक समस्याओं और मानसिक उद्वेगों में रोगी के रोग के लक्षण छिपे होते हैं। इन दबे लक्षणों को अच्छी तरह से रोगी को देखकर समझा और परखा जा सकता है। इसका लाभ यह होगा समानधर्मी दवा के लक्षणों को समझाने और उसके प्रयोग करने में हमें सुविधा होगी।

2. **सुनना**- रोगी को अपनी भाषा में निर्वाध गति से कष्टों का वर्णन करने का पर्याप्त अवसर दें। उसके कष्टों के लेखा-जोखा को बड़ी सहानुभूति पूर्वक सुनने का प्रयास करें, उसे बिना टोके हुए धैर्यपूर्वक सुनिए और मनन कीजिए इससे आपको सही दवा का चुनाव करने में बड़ी सुविधा होगी।

3. **प्रश्न करना**- रोगी के व्यक्तिगत जीवन के घटनाक्रमों का बारीकी से अध्ययन करने के लिए उसके अन्दर के छिपे मनोभावों को बाहर लाने हेतु सहृदयतापूर्वक प्रश्न पूछने की आदत डालें। हमें रोगी की मानसिक अवस्थाओं को कभी भी नजरअंदाज नहीं करना चाहिए।

4. **लिखना**- यह जरूरी नहीं है कि रोगी ने आपको जो कुछ भी अपने रोगों के लक्षणों के सम्बन्ध में बताया है उसे आप हमेशा के लिए याद रख सकें अत: उसका संक्षिप्त विवरण लिखना और प्रत्येक रोगी का लिखित रिकार्ड अपने पास रखना आपके लिए आवश्यक है, इससे आपको उसके भावी उपचार में बहुत मदद मिलेगी।

रोगी से पूछने योग्य मुख्य बातें

1. रोग कब से शुरू हुआ?

2. रात और दिन में किस समय लक्षण अधिक प्रकट होते हैं और कष्टदायी मालूम पड़ते हैं।

3. मुँह का स्वाद कैसा रहता है- कड़ुवा, कसैला, खट्टा, नमकीन, पनीला या मीठा।

4. क्या खड़े होने, लेटने, बैठे रहने पर या शरीर को इधर-उधर घुमाने से कष्ट अधिक बढ़ जाता है? चलने-फिरने, खाने-पीने, सोने से भी क्या कष्ट में बढ़ोत्तरी होने लगती है।

5. आपके मन में अधिकतर किस प्रकार के विचार आते हैं?

6. शारीरिक अनुभूतियाँ कैसी होती है? शरीर में गर्मी, जलन, कँपकँपी अथवा किसी अन्य प्रकार की अनुभूति होती है क्या?

7. किन अवस्थाओं में आपको आराम मिलता है या और अधिक पीड़ा महसूस होती है।

8. रोग के घटने या बढ़ने की जानकारी लें।

9. किस प्रकार के लक्षण सबसे ज्यादा कष्टदायक महसूस होते हैं।

10. शरीर के किस भाग में रोग के लक्षण सबसे अधिक कष्टदायी महसूस होते हैं।

11. माता-पिता के रोगों का विवरण लेना न भूलें, क्योंकि कुछ रोग वंशानुगत होते हैं।

नोट: रोगी के द्वारा अलग से संलग्न प्रपत्र भरने से आपको लक्षणों को समझने में सुविधा होगी।

4

औषधि प्रयोग विधि

यह एक नितान्त भ्रम ही है कि होमियोपैथी की दवाइयाँ देर से असर करती हैं। नये और उग्र रोगों में सही चुनी हुई दवाइयों की एक या दो मात्राएँ ही फायदा पहुँचाने में सक्षम है। पुराने रोगों में भी ये दवायें बहुत ही प्रभावी और रोग को दूर करने में सक्षम होती हैं। इन दवाओं के प्राय: किसी प्रकार के साइड इफेक्ट नहीं होते हैं।

आपका शरीर

हमारा शरीर 5 तत्त्वों से बना है। पानी, पृथ्वी, आकाश, हवा और अग्नि। इसमें पृथ्वी और आकाश स्थायी तत्त्व है जबकि पानी, हवा और अग्नि क्रियाशील तत्त्व होते हैं। हमारी पाँचों अँगुलियाँ (हाथ की) भी पाँच तत्त्वों का प्रतिनिधित्व करती हैं जैसे अनामिका पृथ्वी तत्त्व का, कनिष्ठा जल तत्त्व का, अगुष्ठ अग्नि तत्त्व का, तर्जनी वायु तत्त्व का तथा मध्यमा आकाश तत्त्व का।

छठवाँ तत्त्व– आत्म तत्त्व कहा गया है जिसे प्राय: हम जीवनीशक्ति, लाइफ फोर्स, वायरल फोर्स आदि विभिन्न नामों से पुकारते हैं। होमियोपैथी में इस तत्त्व की बड़ी महिमा कही गयी है। इस जीवनी शक्ति और वायरल फोर्स का होमियोपैथी में विशेष विशेष महत्त्व है। इसी जीवनी शक्ति को अधिक से अधिक शक्तिशाली बनाने के लिए उसे उभारा जाता है, जिसे हम शक्तिकरण भी कह सकते हैं। होमियोपैथिक दवाइयाँ इसी के आधार पर काम करती हैं। शक्ति कृत दवा इतनी शक्तिशाली बन जाती है कि यह रोग को जड़ से समाप्त कर देती है और बहुत ही थोड़े समय में दवा अपना काम पूरा कर देती है। इस प्रकार यदि देखा जाये तो रोग होने का मुख्य कारण मनुष्य की जीवन शक्ति का कमजोर होना ही है। यदि हमारी जीवन शक्ति प्रबल हो तो कोई बीमारी हमें रोगी नहीं बना सकती है। होमियोपैथी दवाई इसी जीवन शक्ति को प्रबल बनाती है और ठीक करती है। इस जीवन शक्ति के प्रबल होते ही हमारा रोग दूर हो जाता है। इसे दूसरे शब्दों हम कह सकते हैं कि होमियोपैथी दवाई हमारी रोग प्रतिरोधक शक्ति को सबल बना देती है जिससे हम स्वस्थ होने लगते हैं।

होमियोपैथी चौथे शरीर अर्थात् मनस शरीर पर काम करती है। इस चिकित्सा के सम्बन्ध में तीन बातों का हमेशा ध्यान रखें।

1. Simplex– दवा साधारण दें (दो दवाओं का मिक्चर न बनायें) एक ही दें।
2. Similiar– समान धर्म औषधि का प्रयोग करें।
3. Minimum – कम से कम मात्रा में दवा का उपयोग अधिक उपयोगी होता है। कम शक्ति वाली दवा का महत्त्व अधिक माना गया है। दिन में तीन बार अवश्य दें।

दवा कब और कितनी बार– रोग की उग्रता को देखकर ही दवा किस शक्ति में और कितनी बार दी जाये इसका निर्धारण करें। उच्च शक्ति की औषधि 10 मिनट के अन्तर से तीन बार दें। इसे पंक्ति डोज कहते हैं। सुधार होने की दशा में दवा देने का अंतराल 4 से 6 घंटे भी किया जा सकता है।

5

होमियोपैथिक औषधियाँ

प्रमुख होमियोपैथिक औषधियों के नाम तथा उनके चारित्रिक लक्षणों (नैदानिक एवं रोग जनक) का वर्णन

यद्यपि होम्योपैथी की चिकित्सा में औषधियों की संख्या बहुत ही विस्तृत है तथा 510 विलियम वोरिक की मैटीरिया मेडिका में उनका विस्तार से वर्णन किया गया है किन्तु मैं निम्नलिखित दवाओं को चिकित्सा की दृष्टि से परम उपयोगी और आवश्यक मानता हूँ। प्रत्येक सफल होमियोपैथिक चिकित्सक के लिए इनका ज्ञान होना बहुत ही आवश्यक है। यहाँ इन औषधियों के प्रामाणिक चारित्रिक लक्षणों का वर्णन गया किया गया है ताकि चिकित्सक को औषधि के चुनाव में सहायता मिल सके। इनमें होमियोपैथिक चिकित्सकों के अनुभवों को भी शामिल किया गया है और औषधियों को वर्णों के अनुसार सूचीबद्ध करने का हमारा प्रयास है ताकि दवा का नाम खोजने में आसानी हो सके। प्रयास किया गया है कि दवाओं का यह संकलन चिकित्सकों के लिए उपयोगी और आसान सिद्ध हो। यह सूची चिकित्सकों, सामान्यजन तथा विद्यार्थियों के लिए बोधगम्य बनायी गयी है। प्रमुख दवाएँ जो इस सूची में शामिल की गयी उनकी संख्या 77 है।

इन 77 (सतहत्तर) प्रमुख दवाओं का विवरण निम्नलिखित हैं-

	आ		
1.	आर्जेण्टम नाइट्रिकम (Argentium Nit)	2.	आर्जेण्टम मेटालिकम (Argentium Met)
3.	आर्निका (Arnica)	4.	आर्सेनिक आयोडेटम् (Arsenic Iod)

5.	आर्सेनिक अल्बम (Arsenicum Allum)	6.	(1) आर्सेनिक मेटालिकम (Arsenic Metalicum) (2) औरम मेटालिकम (Argen. Met)
7.	ऑक्सिट्रोपिस (Oxytropis)		

इ

8.	इग्नेशिया (Ignatia)	9.	इण्डिगो (Indigo)
10.	इपिका कुआन्हा (Ipeca Cuanha)		

ए

11.	एकोनाइडटम नेपेलस (Aconetum Napellus)	12.	एथूजा सिनैपियम (Aethusa Cynapium)
13.	एना कार्डियम (Ana Cardium)	14.	एपिस मेलिफिका (Apes Mellifica)
15.	एब्रोटेनम (Abratanum)	16.	एमोनियम कार्बोनिकम (Ammonium Carbonicum)
17.	एलुमिना (Allumina)	18.	एलो (Aloe)
19.	एस्क्यूलस हिपोकैस्टेनम (Aesculus Hippocastanum)		

क

20.	काक्युलस (Coeculeis)	21.	कार्बो वे जिटेविलिस (Carbo Vegitevilis)
22.	कास्टिकम (Casest)	23.	कैन्थरिस (Cantharis)
24.	कैप्सिकम (Capsicum)	25.	कैमोमिला (Chamomilla)
26.	कैल्केरिया कार्बोनिका (Calcarea Carb)	27.	कैल्केरिया फास्फोरिका (Calcaria Phos)
28.	कैल्केरिया फ्लोरिका (Calcaria Flo)	29.	कैल्केरिया सल्फ्युरिका (Calcarea Sulpha)
30.	कान वैलेरिया मेजेलिस (Convellaria Majalis)	31.	कोनियम (Conium)

ग

32.	ग्रेफाइटिस (Graphitis)	33.	ग्लोनाइन (Glonoine)
34.	ग्लीसरीनम् (Glycerinum)		

च

35.	चेलिडोनियम मेजस (Chelido Maj)		

ज

36.	जिकम् मेटालिकम (Zincum Metallicum)	37.	जेल्सीमियम (Gelsemium)

ट

38.	ट्वर-कुकलीनम (Tubereculinum)	39.	टिलिया (Ptelia)
40.	टेवैकम (Tabacum)		

ड

41.	डल्का मारा (Dulcamara)	42.	डिजिटैलिस (Degitalis)
43.	ड्रोसेरा (Drosera)		

थ

44.	थइमाल (Thymal)	45.	थूजा आक्सिडेण्टेलिस (Thuja Occid)

न

46.	नक्स-वोमिका (Nex-Vomica)	47.	नैट्रम फास्फारिकम (Netrum Phosphoricum)
48.	नैट्रम म्यूरियेटिकम (Natrum Muriaticum)		

प

49.	पल्सेटिला (Pulsatilla)	50.	पियोनिया (Paeonia)
51.	पोडोफाइलम (Podophyllum)	52.	प्लेटिना (Platina)

फ

53.	फॉस्फोरस (Phosphorus)	54.	फाइटालैक्का (Phytolacca)
55.	फेरम फॉस्फोरिकम (Ferrum Phosphoricum)		

		ब	
56.	ब्रायोनिया (Bryonia)	57.	बराइटा कार्वोनिका (Baryta Carb)
58.	बेलाडोना (Bellodonna)	59.	बोरेक्स (Borex)
60.	ब्रोमम (Bromum)		
		म	
61.	मैग्नेशिया म्युरिटिका (Magnetia Muziatica)	62.	मरक्युरियस (Mercurius)
		य	
63.	यूफ्रेसिया (Eupharsia)		
		र	
64.	रस टॉक्सिकोडेण्ड्रन (Rhus Toxicodenrom)	65.	रूटा (Ruta Graveolins)
		ल	
66.	लाइकोपोडियम (Lycopodium)	67.	लैकेसिस (Lachesis)
		स	
68.	सल्फर (Sulphur)	69.	सिना (Cina)
70.	सिंकोना आफिसिनैलिस (Cinchona Off)	71.	सिनरेरिया (Cinereria)
72.	साइलीसिया (Silicea)	73.	सीपिया (Sepia)
74.	सैवाल सेरूलेटा (Sabol Serrulata)	75.	सारिइनम (Psorinum)
		ह	
76.	हाइड्रस्टिस (Hydrestis)	77.	हाइपेरिकम (Hypericum)

1. आर्जेण्टम नाइट्रिकम (Argentum Nitricum) सिल्वर नाइट्रेट

इस औषधि में स्नायुविक प्रभावों की प्रमुखता, रोगग्रस्त भागों में कम्पन्न, संतुलन की कमी, कष्ट का उग्र प्रदाह, काँटा गड़ने से जैसा दर्द, दुर्बल एवं कृशकाय व्यक्तियों के अनुकूल तथा ज्ञानेन्द्रियों सम्बन्धी रोगों में प्रमुखता आदि। मिष्ठान खाने की प्रबल इच्छा, वास्तविक आयु से अधिक आयु का दिखाई पड़ना, गर्मी का सहन न होना तथा अरक्तता की अवस्था, दर्द की अनुभूति धीरे-धीरे होना आदि।

मन- प्रत्येक कार्य शीघ्रातिशीघ्र करने की आदत का होना, भय और अधीरता।

सिर- सर्दी और कँपकँपी, सिरदर्द, मानसिक थकान, दुर्बलता, चक्कर आदि आना।

आँखें- आँखों में दर्द, थकान की अनुभूति, आँखों में स्थिरता का अभाव आदि।

नाक- गन्ध लोष।

चेहरा- बूँढ़ों जैसा पीला।

मुख- मसूड़ों में रक्तस्राव, जीभ पर छाले।

कंठ- अत्यधिक गाढ़ा श्लेष्मा, कंठ में लाली।

आमाशय- उबकायी, जलन, सिकुड़न, आमाशय के अन्दर जलन तथा फड़कन।

पाखाना- हरा अतिदुर्गंध वाला, मलद्वार की खुजली।

मूत्र- मूत्र त्याग के बाद कुछ बूँदों का टपकते रहना। मूत्र अत्यल्प और गहरे रंग का होता है।

श्वास संस्थान- ऊँची आवाज में बोलने से खाँसी जैसी अनुभूति श्वास कष्ट।

पीठ- अत्यधिक पीड़ा।

चर्म- कठोर तथा भूरा।

नींद- अनिद्रा।

उदर- ठण्ड के साथ मितली।

2. आर्जेण्टम मेटालिकम (Argentum Metallicum) (रजत-चाँदी)

धीरे-धीरे शरीर सूखते चले जाना। श्वास कष्ट, ताजी हवा की इच्छा, बाँयीं ओर दर्द का होना तथा फैलाव की अनुभूति प्रमुख लक्षण हैं।

मन- विषाद और आकुलता का अनुभव।

सिर- बाँयीं ओर शूल का अहसास, नजले के साथ छींकें आती हैं।

कंठ- बार-बार खँखारने की आदत, खाँसने से गले में दर्द, प्रातः बलगम का ज्यादा निकलना।

श्वास संस्थान- स्वरलोप कंठ की कर्कशता, बलगम बार-बार गला जोर लगाकर खखारना।

पीठ- कमर में तेज दर्द, झुककर चलने की प्रवृत्ति।

मूत्र- गंदला और अधिक मात्रा में तथा बहुमूत्रता की स्थिति।

बाह्यांग- टाँगें दुर्बल, अँगुलियों की सिकुड़न, टखनों में सूजन, सीढ़ियाँ उतरते समय कम्पन्न और घबराहट का भाव।

पुरुष- अविराम पेशाब के साथ जलन, अनायास वीर्यपात, वृषणों में दर्द।

स्त्री- प्रसव तुल्य दर्द, बाँयीं डिम्ब में पीड़ा सारे उदर में दर्द की अनुभूति। खुली हवा में लेटने पर खाँसी, फटका लगने से कष्ट का बढ़ना।

3. आर्निका (Arnica)

यह दवा उन अवस्थाओं में उपयोगी पायी जाती है जब रोग का कारण कोई चोट हो, वह पुरानी भी हो सकती है। अंगों में ऐसी पीड़ा बनी रहती है, जैसे पिराई हुई हो अथवा जैसे जोड़ों में मोच आ गयी हो। बिस्तर कठोर मालूम पड़ता है। शोक, संताप या पश्चाताप, अनर्गल आदि।

मल- ऐंठन, दुर्गन्धित, कत्थई रंग जैसा पेचिश के साथ पेशियों में दर्द।

मूत्र- अधिक परिश्रम करने से रुक जाता है। गहरी रंग की ईंट के जैसा लाल।

स्त्री- प्रचण्ड प्रसवोत्तर पीड़ा, स्तन-प्रदाह ऐसा प्रतीत होना जैसे भ्रूण आड़ा-तिरछा लेटा हो।

श्वास संस्थान- खाँसी, व्यायाम करने से वृद्धि, रात्रि में बढ़ोत्तरी। आवाज का अधिक उपयोग कष्ट कारक, प्रात: पीड़ा की अनुभूति, रक्तिम बलगम, फेफड़ों में दर्द।

हृदय- हृदय शूल, हृदय में सुई जैसी चुभन, श्वास कष्ट।

बाह्यांग- गठिया, परिश्रम करने से वाददर्द अँगुली, भुजायें ठंडी, आमबात सी शिकायत, निम्न भागों से आरम्भ होती है और ऊपर की ओर बढ़ती है।

चर्म- नीला और काला, खुजली और जलन, छोटे-छोटे फोड़े।

नींद- निद्राहीनता, बेचैनी, जागने पर सिर का गरम होना, निद्रा के दौरान पाखाना का हो जाना।

ज्वर- ज्वर के लक्षण, सिर में गर्मी, पैर और हाथ ठण्डे।

पूरक औषधि ऐकोना, इपिका। उपरोक्त औषधि से मिलती-जुलती एक और दवा है जिसका नाम आर्निका माण्ट है। गर्मी के दिनों में जो फोड़े-फुन्सियाँ होते हैं उनकी यह एकमात्र दवा है।

4. आर्सेनिक आयोडेटम (Arsenic Iodatum)

निरंतर क्षोम पैदा करने वाले तथा स्रावों के उपचारार्थ उपयोगी औषधि है। पेट सम्बन्धी खराबियों के कारण उदरशूकल का बने रहना, पीठ और कंधों में आमवात की शिकायत होती है।

मन- अनर्गल बातें, शरीर का अतिसंवेदनशील होना, निरंतर कार्य करने में असमर्थता, अकेले रहने की चाहत। निरंतर कार्य करने में असमर्थ महसूस करना।

सिर- सिर गरम किन्तु शरीर का ठण्डा होना, सिर का चकराना, चलते समय वस्तुएँ घूमती दिखायी पड़ती हैं। खोपड़ी सिकुड़ी हुई महसूस होती है।

आँख- आँखें खोलकर रखनी पड़ती है। बन्द करने में चक्कर आने लगता है। आँखों का दुर्बल महसूस होना।

कान- कान के अन्दर तथा आसपास पीड़ा का अहसास, कानों में कभी-कभी रक्तस्राव होता है।

नाक- नकसीर का फूटना, ठण्डापन होना।

मुख- दुर्गन्धित श्वास, मुँह सूखा और प्यासा कड़ुवा स्वाद की अनुभूति, चेहरा अत्यधिक लाल, धँसा हुआ, ओठों में गर्मी।

आमाशय- खाते समय आमाशय में दर्द, कुत्ते जैसी भूख, पेट भरा हुआ महसूस होने से भोजन से अरुचि, पेट में पत्थर जैसा दबाव महसूस होना इत्यादि।

उदर- सुई जैसी चुभन, फूला हुआ दुर्गन्धित अपान वायु का निकलना चाकू घोंपें जाने जैसी अनुभूति, दुर्गन्धित और पनीला, खुजली और जलन, पुराना नजला, नाक के अन्दरूनी ऊतकों में सूजन, हृदय पेशी शोथ, नाड़ी उखड़ी हुई, यक्ष्मारोग की विशेष लाभप्रद औषधि, ज्वर रात्रि कालीन पसीना निमोनिया की जीर्ण अवस्था, अच्छा भोजन के बाद भी शरीर में कृशता बढ़ते जाना।

सिर- चक्कर आने के साथ कँपकँपी महसूस होना।

नाक- सूजी नाक, पुराना नजला, छींकने की लगातार इच्छा।

कंठ- स्वास दुर्गन्धित, ग्रसनी में जलन।

आँखें और कान- कान का प्रदाह, जलन, तीखा नजला।

आमाशय- हृदय में पीड़ा, खाने के एक घंटे बाद वमन, तेज प्यास या पिया हुआ पानी तुरन्त कै हो जाता है।

श्वास संस्थान- खाँसी, सूखी, हल्का बलगम।

ज्वर- पुनरावर्ती ज्वर और पसीना, रात में होने वाले पसीने से शरीर पूरी तरह से भींग जाना और तर-बतर हो जाना।

चर्म- रूखी, पपड़ीदार, हल्का रिसाव, कण्ठमाला (दाढ़ी का छाजन, मुँहासें कठोर तथा उभरे हुए)। नाड़ी तेज दुर्बल अनियमित शीत प्रधान, ठण्ड नहीं सह सकता है।

5. आर्सेनिक अल्बम (Arsenic Album)

इसे हिन्दी में संखिया कहते है। यह हमारे प्रत्येक अंग तथा ऊतक पर गहन क्रिया करने वाली प्रभावकारी औषधि है।

नाक- पतला पानी जैसा, नाक का बन्द महसूस होना, छींकने से आराम नहीं, घर के अन्दर आराम की अनुभूति, जलन और रक्तस्राव।

चेहरा- सूजा हुआ तथा मुरझाया हुआ पीला, दुर्बल धसा हुआ ठण्डा और पसीने से तर, ओंठ काले, नीले, क्रोधी।

मुख- मसूड़े गन्दे, खुश्की और जलन, जीभ सूखी, लाल सुई जैसी चुभन।

कंठ- सूखा हुआ संकीर्ण, निगलने में असमर्थता।

आमाशय- न खाना देख सकता है न उसकी गन्ध सहन कर सकता है। खाने-पीने के बाद मिचली, आमाशय अत्यन्त क्षोमक, दूध पीने की तीव्र लालसा।

उदर- जलन के साथ दर्द, यकृत और प्लीहा बढ़े हुए, उदर सूजा हुआ।

मल- दर्द वाला, मल द्वार में जलन, थोड़ा दुर्गन्धित।

मूत्र- अत्यल्प जलन के साथ।

स्त्री- ऋतु स्राव बहुत अधिक तथा समय से पहले, सुई चुभने जैसी पीड़ा।

श्वास संस्थान- लेटने के अक्षम, दम घुटने का भय। छाती में जलन आधी रात के बाद बढ़ने वाली खाँसी, पीठ के बल लेटने पर और ज्यादा महसूस होती है। सारे शरीर में जलन होती है।

हृदय- धड़कन, श्वास कष्ट, नाड़ी प्रातः अधिक तेज।

पीठ- कमर में कमजोरी, कन्धे में खिंचाव।

इसमें महत्त्वपूर्ण लक्षण है- सर्वाधिक दुर्बलता, बेचैनी, थकान (हल्का परिश्रम करने के बाद भी) जलन के साथ दर्द, न बुझने वाली प्यास समुद्र तटीय रोग, पानी वाले फलों का हानिप्रद प्रभाव। भय, उद्वेग और चिन्ता तम्बाकू, गलत भोजन, मांस खाने के दुष्प्रभावों में विशेष लाभकारी, हर साल प्रकट होने वाले रोग रक्ताल्पता, अल्प पोषाहार के कारण बच्चों में कम वजन होने की समस्या, मलेरिया जनित क्षीणता एवं मन्द जीवनी शक्ति।

मन- बेचैनी एवं संताप, एकाकीपन और मृत्यु से भय, भय के साथ ठण्डा पसीना, दवा खाना बेकार है इसका भाव, आत्महत्या की प्रवृत्ति, गन्ध और दृष्टि सम्बन्धी भ्रम का होना, कंजूस, स्वार्थी, दुष्ट स्वभाव वाला, साहस की कमी, रोग और भ्रम के प्रति संवेदनशील।

सिर- सिर में दर्द किन्तु ठण्ड से आराम, खोपड़ी में बर्फीलापन, ठण्ड और भारी दुर्बलता का महसूस करना, सिर का लगातार हिलते रहना, सिर में अधिक खुजली।

आँखें- जलन और अश्रुप्रवाह, पलकें लाल, बाहर से गरम देने से आराम, त्वचा को छीलता हुआ सा अश्रुप्रवाह।

कान- पतला, दुर्गंधित कर्ण स्राव, कानों के अन्दर गर्जना।

बाह्यअंग- कम्पन्न, दुर्बलता, भारीपन बेचैनी पिण्डलियों में ऐंठन पैरों की सूजन साटिका (Sciatica), जलन के साथ दर्द।

चर्म- खुजली, जलन, सूजन, शरीर में बर्फ जैसी ठण्डक।

नींद- अशान्त और बेचैन, सिर मोटा तकिया लगाकर सोना आरामप्रद, सिर के ऊपर हाथ रखकर सोता है। सपने चिन्ता और भय वाले होते हैं।

ज्वर- तेज ज्वर नियत समय पर, थकान की चरम अवस्था, 3 बजे भारी गर्मी का अहसास। इसका रोगी हमेशा स्थान परिवर्तन करता रहता है। मृत्यु का भय उसमें हमेशा विद्यमान रहता है। उसके अन्दर ऐसे विचार आते हैं, कि मानो वह रोग से अवश्य मर जायेगा।

6. (1) आर्सेनिक मेटालिकम (Arsenic Metallicum)

सिर- स्मरण शक्ति दुर्बल, एकाकी रहने की इच्छा, सिर बड़ा प्रतीत होता है। चीखने चिल्लाने की आदत, विभिन्न भागों में सूजन की अनुभूति, बाँयीं ओर सिरदर्द जो आँखों और कानों तक फैलता मालूम पड़ता है। नीचे की ओर झुकने से तथा लेटने से सिरदर्द बढ़ जाता है।

चेहरा- लाल तथा सूजा हुआ जिसमें खुजली और जलन होती है। आँखें सूजी हुई जिसमें जलन के साथ पानी बहता है। आँखें दुर्बल, दिन की रोशनी अच्छी नहीं लगती है। चेहरा लाल तथा फूला हुआ जिसमें खुजली और जलन होती है।

मुख- जीभ के ऊपर सफेद परत का जम जाना, मुख में दर्द।

उदर- यकृत से होने वाली दाहक पीड़ा जो कन्धों और रीढ़ की हड्डी तक फैल जाती है। अतिसार, जलनयुक्त पतला पाखाना होने से दर्द कम हो जाता है।

6. (2) औरम मेटालिकम स्वर्ण (Metalic Gold)

यह बड़ी ही प्रभावशाली औषधि मानी गयी है। निराश, हतोत्साह, आत्महत्या की प्रबल इच्छा वाले रोगियों के उपचार में बड़ी ही कारगर, पारद के कुप्रभावों को नष्ट करने के लिए इसका प्रयोग होता है। कंठमाला से पीड़ित रोगी, निस्तेज चेहरा, अतिकामुकता से ग्रस्त धमनी काठिन्य से ग्रस्त लोग, निरुत्साहित, दुर्बल स्मरणशक्ति वाले लोग, आत्मभर्त्सना और अपने को निकम्मा मानने वाले लोग, चिड़चिड़े निरंतर प्रश्न करने वाले व्यक्ति। शोरगुल उत्तेजना के प्रति अतिसंवेदनशील, सिर में तेज दर्द, बुढ़ापे में आंशिक पक्षाघात, सिर का निरन्तर हिलते रहना, अनिद्रा, डरावने स्वप्न, रात्रिकालीन श्वास कष्ट, बाँझपन, योनिप्रदाह, वृषणों में दर्द और सूजन, मसूड़ों की व्रण ग्रस्तता में यह औषधि बहुत ही प्रभावशाली और उत्तम मानी गयी है।

7. इग्नेशिया (Ignatia)

यह वातोन्माद की प्रमुख औषधि है तथा यह स्नायुविक प्रवृत्ति के लोगों के लिए विशेष उपयोगी है। संवेदनशील स्त्रियाँ जो सहज ही उत्तेजित हो जाती हैं तथा ऐसे रोगी जो चपल, शंकालु तौर पर चिन्ता से ग्रस्त रहते हैं, उनमें यह दवा उपयोगी मानी गयी है।

मन- अंतरावलोकी, परिवर्तनशील स्वभाव, चिन्ताओं से ग्रस्त, दुःखी और सहनशील, निराश जरा-जरा सी बात में आहें, सिसकियाँ भरना, ज्यादा बातचीत पसन्द न करना।

सिर- खोखला और भारी लगता है। नाक की जड़ पर ऐंठन जैसा दर्द, सिर आगे की ओर झुकाता है।

आँखें- देखने में धुँधलापन तथा पलकों का उद्वेष्ट आड़ी-तिरछी लकीरें व धब्बे दृष्टिगोचर होते हैं।

चेहरा- चेहरे तथा होंठों की पेशियों में स्फुरण का अनुभव विश्राम से चेहरे का रंग बदल जाना।

मुख- खट्टा स्वाद, लगातार लार से भरा रहता है। गालों का अन्दरूनी भाग कभी-कभी दाँतों से कट जाता है। कॉफी पीने और धूम्रपान के पश्चात् दर्द का बढ़ जाना आदि, लक्षण होते हैं।

कंठ- कंठ के अन्दर गोला विद्यमान जैसी अनुभूति, दम घुटने की अनुभूति, सुई जैसी चुभन जो कानों तक फैल जाती है।

आमाशय- खट्टी डकारें, अन्दर खोखलेपन की अनुभूति, आमाशय के अन्दर ऐंठन, आहार से अरुचि, खट्टी चीजों को खाने की लालसा।

उदर- ऊपरी पेट में दुर्बलता की अनुभूति, उदर के अन्दर टपकन तथा एक या दोनों ओर ऐंठनयुक्त पीड़ा का भाव निरंतर बना रहता है।

मलांत्र- मलांत्र के अन्दर और ऊपर तक खुजली और सुई के चुभन जैसी पीड़ा, मल कठिनाई से उतरता है।

मूत्र- अधिक मात्रा में होता है।

श्वास संस्थान- शुष्क, अधिक देर तक खाँसने की इच्छा, श्वासप्रणाली में दर्द का बना रहना।

स्त्री- ऋतुस्राव काला तथा नियत समय से बहुत पहले और काफी मात्रा में होता है। आमाशय और उदर से पीड़ा, सम्भोग की इच्छा का अभाव, शोक तथा पीड़ा से ग्रस्त।

नींद- बहुत हल्की, शोक, चिन्ता के कारण नींद नहीं आती है। जमाइयाँ बहुत आती है। कष्टकारी एवं लम्बे समय तक सपने आते हैं।

चर्म- खुजली तथा शीत-पित्त हवा के झोंकों के प्रति अति संवेदनशील।

8. इण्डिगो (Indigo)

इसकी प्रमुख क्रिया हमारे स्नायु प्रणाली पर होती है। नील का शुद्ध विचूर्ण साँप अथवा मकड़ी के काटे जाने के घावों को मीठी कर देता है।

सिर- चक्कर के साथ जी मिचलाना, ऐसी अनुभूति कि जैसे मस्तिष्क बर्फ से जम गया हो।

नाक- अत्यधिक छींकें आती है।

कान- गर्जना की अनुभूति होती है।

आमाशय- डकारें, भूख का अभाव, गर्मी की लहर आमाशय से उठकर सिर की ओर जाती है, ऐसा अनुभव होता है।

मलांत्र- मलद्वार में रात में खुजली होती है।

मूत्र- मूत्र त्याग की निरंतर इच्छा बनी रहती है।

बाह्यांग- कान के नीचे वाले भाग से घुटने तक दर्द रहता है। खाना खाने के बाद प्रत्येक अंग में दर्द होता है।

तन्त्रिकाएँ- वातोन्मादी लक्षण होते हैं। दर्द की भी अनुभूति होती है। अत्यधिक उत्तेजना, मिर्गी, पेट से लेकर सिर तक गर्मी की चौंध बनी रहती है। विश्राम काल में बैठे रहने पर लक्षणों में वृद्धि।

9. इपिकाकुअन्हा (Epicacuanha)

1. लगातार मितली और वमन का होना।
2. स्थूलकाय बच्चों में तथा वयस्कों में इसका विशेष उपयोग है।
3. इसकी प्रमुख क्रिया फुफ्फुस जठर तन्त्रिका पर होती है।

मन- चिड़चिड़ा, उपेक्षायुक्त तथा लक्ष्य निर्माण नहीं कर पाता है।

सिर- सिर की हड्डियाँ कुचली हुई सी महसूस होती है। दर्द दाँतों और जबान तक फैलने लगता है।

आँखें- लाल आँखों में आँसूओं का तीव्र प्रवाह।

चेहरा- चेहरा आँखों के चारों ओर नीले छल्ले।

नाक- बन्द होने लगती है।

आमाशय- जीभ साफ पर लार अधिक आती है। निरंतर मितली और वमन की अनुभूति, हिचकी आती है।

उदर- पेचिश, नाभि के चारों ओर कठोरता।

मल- राल जैसा होता है, पेचिश जैसा चिपचिपा।

श्वास संस्थान- श्वास कष्ट, दमा, श्वास उखड़ने के दौरे, प्रचण्ड खाँसी, खाँसी तथा नकसीर का फूटना।

ज्वर- सविराम ज्वर, मिचली, वमन और श्वास कष्ट।

नींद- नींद आने पर सारे अंगों में झटके।

चर्म- पीली, शिथिल त्वचा पर आँखों के चारों ओर नीली मात्रा- तीसरी से 200वीं शक्ति तक।

10. एकोनाइटम नैपेल्लस (Aconitum Napellus)

शारीरिक और मानसिक बेचैनी, भय एकोनाइट की मुख्य चारित्रिक लक्षण है। उग्रज्वर की अवस्था में भी इस औषधि को प्रयोग में लाया जा सकता है। व्यक्ति किसी अन्य द्वारा स्पर्श पसन्द नहीं करता है। शक्ति में अचानक ह्रास का अनुभव करता है। भीतरी अंगों में जलन का अहसास होता है, इसके साथ चुनचुनाहट, ठण्ड और सुन्नपन की भी अनुभूति होती है।

मन- अत्यधिक चिन्ता एवं अधीरता जैसी अवस्थाओं में विशेष लाभकारी, भयातुर तथा चीजों को नष्ट करने की इच्छा, मौत से भय भविष्य के प्रति भयभीत, भीड़भाड़ और सड़क पार करने से डरता है। बार-बार करवटें बदलने की आदत होती है। दर्द की उग्रता के कारण पागलपन के दौरे से आते हैं। संगीत असहाय होता है।

सिर- पारिपूर्णता पर ज्वलनकारी और फैला हुआ ऐसी अनुभूति, जलन के साथ सिरदर्द, सिर के ऊपर ऐसी अनुभूति होती है जैसे कोई बालों को खींच रहा हो।

आँखें- लाल, सूखी और गरम महसूस होती है। पलकें सूजी हुई, रोशनी से अरुचि शुष्क व शीतल हवा लगने से बर्फीली ठण्डक की अनुभूति होती है। आँखों में काफी मात्रा में पानी बहता रहता है।

कान- संगीत सहन नहीं होता, शोरगुल के प्रति अत्यधिक संवेदनशील, कान गरम, दर्दनाक एवं सूजा हुआ।

नाक- गन्ध के प्रति संवेदनशीलता, नासिका मूल पर दर्द का अहसास, नथुनों में टपकन, नाक बन्द-सी और सूखी।

चेहरा- तमतमाया हुआ, लाल गरम सूजा-सा, एक गाल लाल दूसरा पीला-सा, जबड़ों में दर्द बेचैनी तथा सिर का चकराना।

मुँह- सूखा तथा सुन्न, जीभ सूखी, निचला जबड़ा निरंतर चलता रहता है। मसूड़े गरम जीभ पर सफेद परत।

कंठ- लाल, शुष्क, सुन्न, टांसिल सूजे हुए।

आमाशय- भय, गर्मी, अत्यधिक पसीना, मूत्र की अधिकता, अधिक प्यास।

उदर- गरम तना हुआ तथा फूला हुआ।

मूत्र- कम मात्रा में लाल गरम दर्द का अनुभव।

हृदय- बायें कन्धें में दर्द, छाती में चुभने जैसा दर्द होता है, तेज धड़कन।

पीठ- अकड़ी हुई।

बाह्यांग- हाथ पैरों में बर्फ जैसी ठण्डक, बाहों में भारीपन अकड़न तथा सुन्नपन, गरम हाथ और ठण्डे पैर।

नींद- डरावने सपने बेचैन रातें, करवट बदलते रहना, सोते-सोते चौंक पड़ना।

चर्म- लाल गरम तथा सूजी, जलती हुई तथा सूखी हुई त्वचा पर नीले रंग के दाने।

ज्वर- शीतावस्था अधिक बनी रहती है। जिस भाग की ओर लेटता है वह हिस्सा पसीने से तर-बतर हो जाता है।

मात्रा- ज्ञानेन्द्रियों के रोगों के लिए छठी शक्ति तथा रक्त संकुल अवस्था के लिए पहली व तीसरी शक्ति, एकोना तीव्र क्रिया करने वाली दवा है।

11. एथूजा सिनैपियम (Aethusa Cynapium)

इस औषधि में प्रधान लक्षण मस्तिष्क स्नायु जाल तथा पाचन दोषों से जुड़े हुए हैं। मनोव्यग्रता, रोना, चिल्लाना तथा जब बच्चों के दाँत निकलते हों अथवा दस्त होने के साथ दूध हजम नहीं कर पा रहे हों तब यह दवा प्रभावकारी सिद्ध होती है।

मन- बेचैन, अधीर, रोगी को चूहे, बिल्ली, कुत्ते दिखायी देते हैं। मन एकाग्र करने में असमर्थ, क्रोध और चिड़चिड़ापन होता है।

सिर- जैसे शिकंजे कसा हुआ अथवा किसी चीज से बँधा हुआ, लेटने से आराम तथा मल त्याग से भी आराम।

आँखें- रोशनी सहन नहीं होती, नींद आने पर भी आखों की गति चलायमान बनी रहती है, आँखें नीचे की ओर घूम जाती है तथा पुतलियाँ फैल जाती है।

कान- बन्द महसूस होते हैं। कानों में फुस्फुसाहट-सी होती रहती है।

नाक- अत्यधिक गाठें श्लेष्मा के कारण बन्द-सी हो जाती है।

चेहरा- फूला हुआ, अत्यधिक मुरझाया हुआ, दर्द से परिपूर्ण।

मुख- सूखा, छाले, जीभ लम्बी महसूस होती है।

आमाशय- दूध को पचाने में असमर्थ, दूध पीते ही उल्टी हो जाती है। खाना देखते ही जी मिचलाने लगता है।

उदर- अन्दर तथा बाहर से ठण्डा, आँतों में दर्द, उदर तना हुआ तथा फैला हुआ।

मल- अनपचा, पतला हरा।

मूत्र- दर्द होने के साथ मूत्र त्याग की निरंतर इच्छा।

श्वास- कठिन कष्टदायक।

हृदय- तीव्र धड़कन के साथ सिर में चक्कर, दर्द और बेचैनी।

चर्म- चलते समय जाँघों की चमड़ी छिल जाती है। सहज ही पसीना आ जाता है।

ज्वर- अत्यधिक गर्मी, ठण्डा पसीना।

नींद- बार-बार चौंकने की आदत।

मात्रा- तीसरी से 30 शक्ति तक।

12. एनाकार्डियम (Anacardium)

एनाकार्डियम रोगी स्नायु दौर्बल्य से पीड़ित तथा स्नायुविक मंदाग्नि से भी पीड़ित रहता है। अवसाद, चिड़चिड़ापन, विद्यार्थियों में परीक्षा का भय, काम में अरुचि,

आत्मविश्वास का अभाव, सौगन्ध खाने तथा श्राप देने की इच्छा, समस्त वेदनाओं में खाना-खाने से अस्थायी आराम मिलता है।

मन- चलते समय अधीरता जैसे कोई उसका पीछा कर रहा हो, गहन विषाद, मानसिक थकान, सहज ही नाराज होने की प्रवृत्ति, शंकालु समस्त नैतिक बन्धनों का अभाव।

सिर- चक्कर तथा दबाव के साथ दर्द, मानसिक कार्य से सिर के पिछले भाग में दर्द बढ़ जाता है।

आँखें- अस्पष्ट दृष्टि, चीजें बहुत दूर की दिखायी देती हैं।

कान- डाट लग जाने जैसा दबाव, कम सुनाई देता है।

नाक- लगातार छींकों का आना।

चेहरा- पीला, आँखों के इर्द-गिर्द नीले छल्ले।

मुख- दुर्गन्ध युक्त, जीभ सूजी हुई लगती है।

आमाशय- मन्द पाचन के साथ भारीपन।

उदर- दर्द की अनुभूति।

हृदय- बड़ी हुई धड़कन, दुर्बल स्मरणशक्ति, हृदय प्रदेश में सुई जैसी चुभन।

पीठ- कन्धों में मन्द-मन्द दबाव, गर्दन के पिछले भाग में अकड़न।

नींद- नहीं आती है।

चर्म- तेज खुजली के साथ छाजन, हाथों पर मस्से।

मात्रा- छठीं से 200 तक।

13. एपिस मेलिफिका (Apis Melifica)

मधुमक्खी के डंक के प्रभावों के समान उत्पन्न होने वाले रोग के लक्षणों में इस औषधि को व्यवहार में लाया जाता है। डंक लगने जैसा चुभन, गर्मी सहन न होना, दोपहर के बाद रोग में वृद्धि होना, इस औषधि के प्रमुख लक्षण हैं।

मन- विरक्ति, घृणा, अकारण हाथ में पकड़ी चीज को गिरा देना, चीख मारना, कामोन्माद ईर्ष्यालु, व्यग्र, तेज कर्णभेदी चीखें, कराहना, भय, आक्रोश, शोक तथा मन का एकाग्र न होना।

सिर- सारा मस्तिष्क अधिक थका हुआ होना, चक्कर तथा छींकें आना, गर्मी टीस फैलने वाले दर्द, छुरा घोंपने जैसा आकस्मिक दर्द होता है।

आँखें- पलकें सूजी, लाल जलन, डंक मारने जैसी अनुभूति, गरम आँसू।

कान- बाहरी कान लाल।

नाक- ठण्डी, लाल सूजी हुई।

चेहरा- सूजा हुआ लाल।

मुख- जीभ झुलसी हुई मसूड़े सूजे हुए, ओंठ सूजे हुए।

कंठ- सिकुड़ा हुआ।

आमाशय- दर्द की अनुभूति।

उदर- दर्दनाक।

पाखाना- प्रत्येक बार स्वयं पाखाना हो जाना।

मूत्र- जल और दर्द।

नींद- अत्यधिक तन्द्रालु।

ज्वर- दोपहर के बाद ठण्ड लगने के साथ प्यास का लगना।

बाह्यांग- पैर सूजे हुए, घुटना सूजा, अँगुलियों में सुन्नपन होना।

मात्रा- मूलार्क से तीसरी शक्ति।

14. एब्रोटेनम (Abrotanum)

सुखण्डी रोग की प्रभावशाली औषधि, नाक में खून बहना, अण्डकोशों में पानी भर जाना।

मन- जिद्दी, चिड़चिड़ा, निराश।

चेहरा- झुर्रीदार, ठण्डा, सूखा, पीला और निस्तेज।

आमाशय- चिपचिपा स्वाद, आमाशय में दर्द रात में बढ़ जाता है, असह्य भूख।

उदर- कठोर गाठें तथा फूला हुआ, बवासीर, खूनी पाखाना दस्त और कब्ज, मल त्याग की निरंतर इच्छा।

श्वास संस्थान- श्वास लेने व छोड़ने में बाधा, सूखी खाँसी, हृदय प्रदेश में दर्द की अनुभूति।

पीठ- गर्दन कमजोर, कमर लुंज, कटि प्रदेश में पीड़ा।

बाह्यांग- कन्धों, भुजाओं कलाइयों एवं टखनों में दर्द, अँगुलियों और पैरों में पिन चुभा दिये जाने जैसा दर्द।

चेहरा- चेहरे पर दाने, चमड़ी थुलथुली बाल झड़ना, विवाइयों में खुजली का होना, ठण्डी हवा में श्वास रोकने से वृद्धि, गति करने से ह्रास।

मात्रा- तीसरी से तीसवीं शक्ति तक देना श्रेयस्कर रहेगा।

15. एमानियम कार्बोनिकम (Ammonium Carbonicum)

हृष्टपुष्ट थकी हुई म्लान स्त्रियों के लिए प्रायोगिक, सहज में ही ठण्ड का लग जाना, शारीरिक श्रम नहीं करना, मोटे शरीर वाले जिनका हृदय कमजोर होता है। श्वास के साथ सायं-सायं की ध्वनि का होना, घुटन महसूस करना, ठण्डी हवा के प्रति संवेदनशील होना, पानी से घृणा, सूखी ग्रन्थियाँ, सारे अंगों में भारीपन, गन्दा रहने की आदत, अंगों, ग्रन्थियों आदि में सूजन।

मन– भुलक्कड़, बदमिजाज, अस्वच्छता दुःखी, विवेकहीन।

सिर– माथे पर टीस, गरम कमरे में आराम।

आँखें– जलन, रोशनी से घृणा, नेत्रकोणों में दुःखन।

कान– बधिरता, दाँत पीसना।

नाक– तेज जलन पैदा करता हुआ पानी टपकता है। रात को नाक बन्द होने लगती है।

चेहरा– मुख के चारों ओर दाद।

मुख– मुख और कंठ में अत्यधिक रूक्षता।

कंठ– कंठ के नीचे तथा अन्दर जलन का दर्द।

आमाशय– उदरगत पीड़ा, अत्यधिक भूख किन्तु अल्प भोजन में ही पेट भर जाना।

मूत्र– निरंतर इच्छा।

श्वास संस्थान– कंठ की कर्कशता।

हृदय– सुनायी देने वाली धड़कन से भय।

बाह्यांग– जोड़ों में भीषण दर्द।

नींद– दिन में नींद का आना।

मात्रा– छठी शक्ति सर्वोत्तम।

16. एलूमिना (Alumina)

यह फिटकरी से बनता है, पुरानी बीमारियों से परेशान लोगों के लिए लाभदायक जो समय से पूर्व बूढ़े हो गये और शरीर से दुर्बल रहते हैं।

यह औषधि निम्न प्रमुख अवस्थाओं का चरित्र चित्रण है। बूढ़े लोगों में प्रायः शारीरिक क्रियाओं की शिथिलता आ जाती है और वे प्रायः समय से पहले ही बूढ़े दिखने लगते हैं। अतः दुर्बल, रूखी प्रकृति वाले दुर्बल व्यक्तियों के लिए

जिनमें सुन्नपन, भारीपन, मलबद्धता जैसी प्रवृत्तियाँ पायी जाती हैं, उनके लिए यह बहुत ही लाभदायी औषधि मानी गयी है। बच्चों में कृत्रिम बालाहार से उत्पन्न व्याधियाँ भी ठीक हो जाती है। इस औषधि के सेवन करने से-

मन- हतोत्साहित, ज्ञानशक्ति के लोप का भय, जल्दबाज, परिवर्तनशील स्वभाव वाला।

सिर- सिर में सुई जैसी चुभन का अहसास, चक्कर का आना, माथे पर दबाव ऐसा लगता है कि जैसे सिर पर पहन रखी हो, कब्जियत, सिरदर्द, सुबह नाश्ता के बाद आराम की अनुभूति।

आँखें- प्रत्येक वस्तु पीली दिखाई पड़ती है। आँखें ठण्डी, प्रात:काल कष्ट बढ़ जाता है।

कान- गर्जन और भिनभिनाहट की अनुभूति।

नाक- नासिका मूल में दर्द, सर्दी-जुकाम।

चेहरा- सूखा, फोड़े-फुन्सियाँ, खाना-खाने के बाद चेहरे की ओर खून का अधिक बहाव प्रतीत होता है।

मुख- मुख से बदबू आती है, दाँतों में मैल तथा मसूड़ों में पीड़ा का अनुभव।

कंठ- खुश्क, खाना निगलने में कठिनाई।

आमाशय- खड़िया मिट्टी, कोयला सूखे खाद्यपदार्थ खाने की प्रवृत्ति, ग्रासनली में सिकुड़न।

उदर- बायीं ओर के उदर रोग।

मल- कठोर तथा सूखा, मलत्याग के दौरान बहुत जोर लगाना पड़ता है।

मूत्र- पेशाब करने में भी बहुत जोर लगाना पड़ता है।

पुरुष- सम्भोग की अत्यधिक इच्छा।

स्त्री- ऋतु स्राव नियत समय से बहुत पहले।

श्वास संस्थान- सुबह जागते ही खाँसी।

पीठ- सुई जैसी चुभन।

बाह्यांग- हाथों और अँगुलियों में दर्द।

नींद- बेचैनी भरी, सुबह नींद ठीक आती है, त्वचा फटी हुई।

मात्रा- छठी से तीसवीं।

17. एलो (Aloe)

जब किन्हीं औषधियों के अधिक मात्रा में खा लेने से रोगी की शारीरिक क्रियाओं का संतुलन बिगड़ जाये तो उस संतुलन को पुनः स्थापित करने की कारगर औषधि है। यह दुर्बल व्यक्तियों बूढ़े लोगों, कफ प्रकृति वाले, पियक्कड़ लोगों के लिए उपयोगी।

सिर- सिरदर्द, मानसिक श्रम नहीं करना चाहता।

आँखें- आँखों में चिनगारियाँ उड़ती दिखाई देती है।

चेहरा- ओठों में अत्यधिक लाली।

कान- बायें कान में सहसा धमाका या टकराने की आवाज।

नाक- ठण्डी।

मुँह- खट्टा और कड़ुआ।

कंठ- शुष्क तथा फूली हुई।

आमाशय- रसीली चीजें पसन्द मांस के परहेज, मिचली के साथ सिरदर्द।

उदर- नाभि के आसपास दर्द दबाने से बढ़ता है, निचली आँतों में दर्द की अनुभूति। मलत्याग की निरंतर इच्छा।

मलांत्र- ठण्डे पानी का प्रयोग आरामदायक मलत्याग के बाद पीड़ा, बवासीर, जलन तथा उदर के निचले भाग में भारी दबाव।

मूत्र- अल्प मात्रा में बहरे रंग का।

पीठ- कमर दर्द, हिलने-डुलने से बढ़ने लगता है।

बाह्यांग- जोड़ों में खिंचावदार दर्द, चलते समय तलुवों में दर्द की अनुभूति, पूरक औषधि सल्फर, लाडको।

रूपात्मकतायें- गर्मी में गरम भोजन खाने के बाद वृद्धि तथा ठण्डी खुली हवा में ह्रास।

मात्रा- छठी तीसरी शक्ति की एवं उच्च शक्ति की कुछ मात्राएँ देकर परिणाम की प्रतीक्षा करें।

18. एस्कुलस हिप्पोकैस्टेनम (Aesculus Hippocastenum)

प्रमुख क्रिया निचली आँत में होती है। कमरदर्द, शिराओं में रक्त का दबाव शिराएँ फूल जाती हैं, कब्ज नहीं रहती है। यकृत शिराओं की क्रिया मन्द पड़ जाती है। कमर में निरंतर मन्द-मन्द दर्द होता है। शरीर के विभिन्न भागों में भ्रमणकारी दर्द, श्लैष्मिक झिल्लियाँ खुश्क और सूजी हुई प्रतीत होती है।

सिर- उदास, चिड़चिड़ा, मितली, दायीं कोख में सुई चुभने जैसा दर्द, बैठे-बैठे तथा चलते-चलते सिर चकराने लगता है।

आँखें- पानी बहता रहता है, आँखें भारी और गरम महसूस होती है।

नाक- नाक सूखी, जुकाम व छींकें।

मुख- कसैला स्वाद, लार बहती रहती है, मुख ऐसा प्रतीत होता है जैसे गरम पानी में जल गया हो।

कंठ- गरम खुश्क, खुरदरा, निगलते समय कानों में सुई चुभो दिये जाने जैसा दर्द।

आमाशय- पत्थर रखा होने की भार जैसी अनुभूति।

उदर- यकृत एवं नाभि में पीड़ा, पीलिया।

मलांत्र- मन्द-मन्द शुष्क तथा पीड़ाप्रद।

मूत्र- बार-बार थोड़ा गाढ़ा।

वक्ष- घुटन का महसूस होना, हृदय की क्रिया तेज और भारी।

बाह्यांग- हाथ पैरों में कसक एवं दुखन, गोली की तरह उभार तथा नीचे बाजुओं तक चली जाना।

पीठ- दोनों कन्धों के बीच मन्द-मन्द दर्द।

ज्वर- शाम को लगभम 4 बजे ठण्ड का महसूस होना।

मात्रा- मूलार्क से तीसरी शक्ति।

19. आक्सिट्रोपिस (Oxytropis)

स्नायु संस्थान पर प्रभावी क्रिया करती है, कम्पन, खालीपन, मेरुदण्ड में रक्तसंचय, लड़खड़ाती चाल, अकेले रहने की प्रवृत्ति, काम करने अथवा बात करने की अनिच्छा, मानसिक हताशा, चक्कर आना, उत्ताप की अनुभूति होना।

आँखें- पुतलियाँ सिकुड़ी हुई, नशे जैसी स्थिति।

आमाशय- डकारों से भरा शूल के समान चुभने जैसा शूलवत दर्द।

मलांत्र- पाखाना जेली के थक्कों जैसा।

मूत्र- मूत्र के बारे में सोचने पर उसके वेग की अनुभूति।

पुरुष- काम की इच्छा अथवा शक्ति की कमी।

बाह्यांग- लड़खड़ाती चाल, पेशियाँ दर्दनाक और कठोर, दर्द तेजी से आता है और चला जाता है।

नींद- अस्थिर।

औषधि मात्रा- तीसरी से उच्चतर शक्तियाँ।

20. काक्युलस (Cocculus) घोंघा या सीपी

यह औषधि मस्तिष्क के लिए बड़ी ही प्रभावशाली औषधि है। यह रात्रि जागरण के अनेक दुष्प्रभावों को भी ठीक करती है गर्भावस्था में अधिक मितली एवं कमरदर्द में लाभकारी।

यह अविवाहित और निःसंतान, नाजुक स्त्रियों तथा प्रणयशील लड़कियों के लिए लाभकारी होती है। यह समुद्री यात्रा सम्बन्धी उपद्रवों से मुक्त करती है।

मन- अस्थिर, भारी तथा जड़, व्यक्ति विचारों की विभिन्नताओं में खोया रहता है। गाना गाने की इच्छा, सुन्नमति, शोकाकुल, प्रतिवाद सहने में असमर्थ, जल्दी-जल्दी बोलने की आदत होती है। दूसरों के स्वास्थ्य के बारे में बहुत चिन्तित रहता है।

सिर- चक्कर और मितली, सिर की कम्पन।

चेहरा- चेहरे की नाड़ियों का पक्षाघात, भोजन चबाने में ऐंठन जैसा दर्द।

आमाशय- मोटरगाड़ी, नाव आदि यात्रा करने के अथवा चलती नाव को देखने मात्र से मिचली की अनुभूति, सर्दी लगने से मितली बढ़ने लगती है। हिचकियाँ, जम्हाइयाँ, भूख का अभाव, ठण्डे पेय पदार्थों को पीने की इच्छा।

उदर- हवा से फूला हुआ।

पीठ- सिर हिलाने से गर्दन की कशेरुकाओं में कड़कड़ाहट।

बाह्यांग- चलते-फिरते समय घुटनों में कड़कड़ाहट।

नींद- जम्हाइयाँ, नींद न पूरी होने की दशा में लाभकारी।

ज्वर- शीतकम्प के साथ मितली तथा चक्कर आना, निम्न अंगों की शीतलता और सिर में गर्मी की अनुभूति।

मात्रा- तीसरी से तीसवीं शक्तियाँ।

21. कार्बो वेजीटेबिलिस (Carbo Vegetabilis)

शरीर में ऑक्सीजन का अपूर्ण ऑक्सीकरण इस औषधि का प्रमुख लक्षण है। ऐसे रोगी में जीर्णता की प्रवृत्ति पायी जाती है, लगता है जैसे शरीर में रक्त संचार रुक गया हो। शरीर की रंगत नीली पड़ने लगती है। व्यक्ति की जीवनी शक्ति जब मन्द पड़ने लगती है तब यह औषधि विशेष उपयोगी मानी गयी है। ऐसा

रोगी जो निर्जीव-सा लगता हो, सिर गरम, शरीर और श्वास ठण्डी, नाड़ी क्षीण, तेज श्वास चलने की उसे अनुभूति होती हो। ऐसे लक्षणों में यह औषधि बहुत ही प्रभावकारी होगी। इस रोग के होने से रक्तसंचार में बाधा पड़ती है, त्वचा नीली और हाथ पैर ठण्डे हो जाते हैं।

मन- अंधेरे से भय, और घृणा, याददास्त क्षीण होती है।

सिर- सिरदर्द से आक्रान्त होता है, सिर चकराने, मितली और कानों में गुंजन जैसे लक्षण प्रकट होते हैं।

चेहरा- फूला हुआ और नीला रंग लिए हुए।

आँखें- काली-काली चित्तियाँ उड़ती दिखायी देती हैं।

कान- कान खुश्क हो जाते हैं।

नाक- नाक से खून भी गिर सकता है। जुकाम के साथ खाँसी हो सकती है।

मुख- जीभ सफेद रंग की, मसूड़ों में खून तथा मवाद आना।

आमाशय- डकारें, दम फूलने तथा पेट के अन्दर पानी भरने की अनुभूति, दुर्बलता और मूर्च्छा की अनुभूति।

उदर- दर्द होता है जैसा बोझ उठाने से होता है।

मल- दुर्गन्धित, अपच, वायु निकलना।

चर्म- नीला ठण्डा।

मात्रा- आमाशय की बीमारियों में पहली से तीसरी शक्ति तक ही औषधि दें।

22. कास्टिकम (Causticum)

यह औषधि जीर्ण आमवाती सन्धिवाती तथा पक्षाघाती रोगों के निराकरण हेतु विशिष्ट औषधि मानी गयी है। जहाँ जोड़ों का स्वाभाविक आकार बिगड़ने लगता है, मांसपेशियाँ निर्बल होने लगती है तथा वृद्धजनों के लिए जिनका स्वास्थ्य नष्ट हो रहा हो तो यह अत्यन्त गुणकारी औषधि है। रात में बेचैनी के साथ जोड़ों और हड्डियों का तीव्र दर्द तथा किसी अंग विशेष में उत्पन्न स्थानिक पक्षाघात में भी इसका उपयोग उचित माना गया है।

मन- व्यक्ति उदासी और निराश भावनाओं से ग्रसित, बच्चा अकेला नहीं सोता है, चीखता है।

सिर- मस्तिष्क के बीच का भाग खाली लगता है।

चेहरा- जबड़ों में दर्द के कारण मुख खोलने में कठिनाई, दायें भाग में पक्षाघात।

आँखें– पलकों में प्रदाह, आँखों के सामने चिनगारियाँ और काले धब्बे।

कान– कानों के अन्दर घंटी बजने जैसी अनुभूति, टीस साथ में बहरापन।

नाक– जुकाम के साथ कंठ में कर्कशता, नाक में पपड़ियाँ।

मुख– चबाने के समय भीतरी भाग को दाँतों से काट लेना, मसूड़ों में खून का बहना।

आमाशय– मिठाई खाने में अरुचि, मुँह का स्वाद चिकना, अम्लज मंदाग्नि बनी रहती है।

मल– कठोर ठोस मल।

मूत्र– खाँसते समय मूत्र का अपने आप निकल जाना, पेशाब धीरे-धीरे उतरता है।

श्वास संस्थान– गले में कर्कशता के साथ छाती में दर्द।

पीठ– कन्धों के बीचों-बीच अकड़न, गर्दन में दर्द।

चर्म– झुर्रीदार त्वचा।

नींद– अत्यधिक।

मात्रा– तीसरी से तीसवीं शक्ति तक।

23. कैन्थरिस (Cantharis Spanist Fleg)

शरीर में उथल-पुथल पैदा कर देना तथा जननांगों को आक्रांत कर उनकी क्रिया को उलट देना। जलनयुक्त दर्द, मूत्र त्याग की अति इच्छा, गर्भकालीन पेट की गड़बड़ियाँ, मूत्राशय की उत्तेजना, यकृत सम्बन्धी और पेट सम्बन्धी रोग।

मन– अधीरता, क्रोध, बेचैनी, भंयकर प्रलाप, कुछ न कुछ करने का प्रयास करना, उग्र उन्माद, कामोन्माद, सम्भोग की प्रबल इच्छा, लाल चेहरा, आकस्मिक चेतना लोप।

सिर– मस्तिष्क में जलन, चक्कर खुली हवा में अधिक।

आँखें– आँखों में जलन, पीली दृष्टि आग जैसी चमकती हुई।

चेहरा– पीला, दुःखी तथा चेहरे पर फुन्सियाँ।

कंठ– जीभ में छाले, मुँह गले में जलन, मुह के अन्दर छाले, कंठ प्रदाह।

वक्ष– श्वास कष्ट, तीव्र धड़कन, सूखी खाँसी, जलन के साथ दर्द।

आमाशय– आमाशय में जलन की अनुभूति, न बुझने वाली प्यास, कॉफी पीने से कष्ट बढ़ता है।

मल– पेचिश, श्लैष्मिक मल, मलत्याग के बाद जलन।

मूत्र- मूत्र त्याग की अधिक इच्छा, बूँद-बूँद करके मूत्र का निकलना, पेशाब लप्सी जैसा छीछालेदार।

पुरुष- सम्भोग की प्रबल इच्छा।

स्त्रियाँ- कामान्माद, ऋतु स्राव नियत समय से बहुत पहले।

श्वास संस्थान- ध्वनि मन्द, छाती में सुई जैसी चुभन।

हृदय- नाड़ी दुर्बल, धड़कन।

पीठ- कमर दर्द, हाथ-पैर ठण्डे, पसीना, रात को तलुवों में जलन।

मात्रा- छठी से तीसवीं शक्ति तक।

24. कैप्सिकम (Capsicum) लाल मिर्च (Cayenne Pepper)

एक रक्त बहुल सुस्त, शीत प्रधान औषधि, मोटे व्यक्ति जो शारीरिक श्रम से कतराते हैं, अकर्मण्य, रोजमर्रा का धन्धा छोड़कर कोई अन्य काम नहीं करना चाहते, शरीर साफ-सुथरा नहीं रखते, जलन से होने वाली दर्द से आक्रान्त, शीत का प्रकोप, मन्दबुद्धि प्रतीत होते हैं, प्रतिक्रिया प्रदर्शित नहीं करते।

मन- अत्यधिक चिड़चिड़ापन, होम सिकनेस के साथ अनिद्रा, आत्महत्या करने की प्रवृत्ति, अकेले रहना अच्छा लगता है, तेज स्वभाव।

सिर- सिर दर्द खाँसने से ज्यादा बढ़ता है, गाल तथा चेहरा लाल, चेहरा ठण्डा।

कान- कानों में जलन, डंक लगने जैसी अनुभूति, कानों के पीछे सूजन और दर्द।

कंठ- उत्ताप की अनुभूति, जलन के साथ सिकुड़न तालु प्रदाहित।

मुख- मुँह से असहनीय भारी बदबू।

आमाशय- जीभ की नोक पर जलन, उत्तेजक पदार्थों के सेवन की तीव्र इच्छा, वमन अत्यधिक प्यास पानी पीते ही शरीर में कँपकँपी।

मल- मल त्याग के दौरान पीड़ा, रक्तिम श्लेष्मा के साथ जलन, मल त्याग के बाद कमर में खिंचाव के साथ दर्द, मल त्याग के बाद प्यास और कँपकँपी।

मूत्र- बार-बार बूँद-बूँद करके निकलता है।

श्वास संस्थान- वक्ष में सिकुड़न, खसरा, सूखी खाँसी, खाँसते समय दूरस्थ अंगों में पीड़ा।

बाह्यांग- कूल्हे पैरों तक दर्द, घुटने में तेज दर्द।

ज्वर- ठण्ड का लगना, पानी पीने के बाद शीत कम्पन्न ठण्ड पीठ से आरम्भ होती है, गर्मी पहुँचाने से राहत, शीत प्रकोप के पहले प्यास खुली हवा में वृद्धि।

मात्रा- तीसरी से लेकर छठी शक्ति तक।

25. कैमोमिला (Chamomilla)

इस औषधि का सम्बन्ध मानसिक और भावोद्वेगी वर्ग से जुड़ा है। यह बाल रोगों से सम्बन्धित है। जहाँ बेचैनी, चिड़चिड़ापन और उदर शूल की प्रधानता रहती है। जब रोगी स्वभाव से नरम, शान्त और शिष्ट हो तो कैमोमिला का प्रयोग न करें।

कैमोमिला का रोगी असहिष्णु, प्यासा, गरम और सुन्न होता है। रात में पसीना ज्यादा आता है।

मन- कुढ़न और बेचैनी, बच्चा अनेक चीजों की माँग करेगा और मिलने पर इनकार भी कर देगा। उसे जरा भी दर्द सहन नहीं होता है।

सिर- मस्तिष्क के आधे भाग में टीस के साथ दर्द होती है। सिर के पीछे की ओर झुकने की प्रवृत्ति, कर्णशूल के साथ दुःखन, गर्मी के मारे रोगी पागल सा होने लगता है। सुई गड़ने जैसा दर्द होता है।

कान- कानों में घंटी बजने जैसी आवाज होती है। कान में गर्मी और सूजन के मारे रोग बहुत परेशान हो उठता है।

आँखें- पलकों में सहसा डंक लगने जैसा दर्द। पलकों में अकड़न की अनुभूति होती है।

नाक- किसी भी प्रकार की गन्ध सहन नहीं होती जुकाम का प्रकोप बना रहता है।

चेहरा- एक गाल लाल और गरम दूसरा पीला और ठण्डा, दाँत दर्द, जबड़ों में सुई चुभने जैसा दर्द जो कान और दाँतों तक फैल जाता है।

कंठ- गले में घुटन का सा दर्द।

मुँह- रात को मुँह से लार टपकती है।

आमाशय- गन्दी डकारें बहुत ज्यादा आती है। गरम पेयों से अरुचि रहती है। जीभ पीली स्वाद कड़वा, खट्टी डकारें, पित्त वमन पेट दर्द।

उदर- पेट फूला हुआ।

मल- गरम हरा, पानी सा पतला।

पीठ- कमर दर्द।

नींद- नींद में रोता है, आँखें अधखुली रहती है, डरावने सपने आते हैं।

मात्रा- तीसरी से तीसवीं शक्ति।

26. कल्केरिया कार्बोनिका (Calcarea Carbonica)

यह एक महान औषधि है। इसकी प्रमुख क्रिया शरीर के पोषण सम्बन्धी और निर्माणक अंगों पर प्रमुखतः केन्द्रित होती है। कुपोषण का प्रतिकार करती है ग्रन्थियों, त्वचा तथा हड्डियों में परिवर्तन लाने में विशेष सक्षम मानी गयी है। ग्रन्थियों का फूल जाना, कंठमाला, फुफ्फुसीस यक्ष्मा की प्रारम्भिक अवस्था, मितली, अम्लपित्त, श्वास उखड़ना हड्डियों का टेढ़ापन, पिटूटरी तथा थायरायड ग्रन्थियों की दुष्क्रिया। इस औषधि से रक्त जमने की क्षमता बढ़ती है तथा यह रक्त स्राव को रोकती है।

मन- व्यक्ति संक्रामक रोग होने की आशंका से ग्रस्त, भुलक्कड़ भ्रान्त हतोत्साह, अधीरता धड़कन, काम करने से जी चुराना।

सिर- सिरदर्द के साथ हाथ-पैर ठण्डे, सिर भारी और गरम महसूस होना, चेहरा पीला पड़ना, सिर की दायीं ओर वर्ण जैसी ठण्डक, सिर पर पसीना, जागने पर सिर का खुजलाना।

आँखें- प्रकाश सहन नहीं होता, प्रातः अश्रुप्रवाह और खुली हवा में दूर की चीजों का साफ दिखायी देना।

कान- कानों में कड़कड़ाहट, सुई चुभने जैसी अनुभूति, ऊँचा सुनायी देना, कान और गरदन के पास सर्दी का सहन न होना।

नाक- सूखी, नाक में दुर्गन्ध नजले जुकाम की शिकायत।

चेहरा- ऊपर से होंठ सूजा हुआ, आँखें धँसी हुई।

मुख- निरंतर खट्टा स्वाद, रात को जीभ का सूखना, मसूड़ों में रक्त स्राव।

कंठ- खंखारने पर बलगम आता है, निगलने में कठिनाई होती है।

आमाशय- न पचने वाली चीजें जैसे कोयला, खड़िया, अण्डा नमक मिठाई खाने की इच्छा, दूध-अरुचिप्रद, खट्टी डकारें कलेजे में जलन, राक्षसी भूख, ठण्डा पानी पीने की इच्छा।

उदर- जरा सा भी दबाव सहन नहीं, झुकने से यकृत प्रदेश में दर्द, पेट सूजा हुआ कमर पर तंग कपड़ा सहन नहीं।

मल- मलांत्र में रेगन और सिकुड़न, पाखाने की रंगत सफेद, पानी सा पतला।

मूत्र- गहरे रंग का, अधिक मात्रा में।

पुरुष- बार-बार वीर्यपात, कामेच्छा बढ़ी हुई शीघ्रपतन।

स्त्री- ऋतु स्राव के पहले दर्द, गर्भ आसानी-सा रह जाता है, स्तनों में दूध का अधिक आना।

श्वास संस्थान- रात में खाँसी का कष्ट, अत्यधिक बलगम, अत्यधिक स्वास कष्ट, केवल दिन में ही बलगम आना।

हृदय- छाती में धड़कन, छाती में बेचैन कर देने वाली घुटन।

पीठ- कमर दर्द, गर्दन का पिछला भाग अकड़ा और कठोर।

बाह्यांग- संधिवाती दर्द का होना, पैर ठण्डे, घुटने ठण्डे, पैरों में पसीना, जोड़ों की सूजन, तलुओं की जलन।

नींद- नींद ठीक से नहीं आती, रात को बार-बार जागता है, रात को भयानक स्वप्न।

ज्वर- दोपहर बाद 2 बजे सर्दी लगती है जो पेट के अन्दर से शुरू होती है। रात में सिर गर्दन छाती में अधिक पसीना।

चर्म- अस्वस्थ, झुर्रीदार, चेहरे और हाथों पर मस्से।

नोट- बायो कल्के के बाद सल्फर नहीं देना चाहिए।

मात्रा- छठी शक्ति का विचूर्ण तीसवीं तथा इससे भी ऊँची शक्तियाँ, बूढ़ों को औषधि बार-बार दें।

27. कल्केरिया फास्फोरिका (Calcaria Phosphorica)

इसके बहुत सारे लक्षण कल्केरिया कार्बो से मिलते हैं, फिर भी कुछ बातों में बहुत अन्तर भी है। बच्चों के दाँत देर से निकलना तथा निकलते समय अनेक शिकायतें होना। टूटी हुई हड्डियों का न जुड़ना, रक्ताल्प बच्चे, चिड़चिड़े शरीर थुलथुला, पाचनशक्ति कमजोर।

मन- चिड़चिड़ा, भुलक्कड़, हमेशा कहीं न कहीं जाना चाहता है।

सिर- सिरदर्द, सिर गरम, बालों की जड़ों में हल्की जलन।

आँखें- सफेद।

उदर- खाने की चेष्टा में दर्द

मल- हरा चिकना।

मूत्र- बढ़ी मात्रा में।

गर्दन पीठ- ठण्डी हवा का झोंका लगने से आमवाती दर्द।

बाह्यांग- हड्डियों के जोड़ों में दर्द, सीढ़ियाँ चढ़ने में थकान। यह गुर्दे में पथरी बनने की प्रवृत्ति को रोकती है।

मात्रा- पहली से तीसरी शक्ति के विचूर्ण।

28. कल्केरिया फ्लोरिका (Calcaria Fluorica)

कठोर पत्थर जैसी ग्रन्थियाँ, प्रबुद्ध शिराओं तथा हड्डियों के उपचार हेतु शक्तिशाली दवा, स्त्रियों के स्तनों में कठोर गाठें पड़ जाती है। मोतियाबिन्द में लाभकारी, धमनी काठिन्य को रोकती है, शल्यक्रिया के बाद लाभकारी।

मन- गहन विषाद से भरा।

सिर- कड़कड़ाहट की आवाज।

आँखें- मोतियाबिन्द।

कान- कानों में घंटियाँ बजने जैसी टनटनाहट।

नाक- सिर में ठण्ड।

चेहरा- कठोर सूजन के साथ दर्द।

मुँह- जीभ फटी-फटी सी।

कंठ- कंठ में दर्द और जलन।

आमाशय- थकान और दिमागी कमजोरी के कारण मन्दाग्नि।

मल और मलद्वार- गठिया से पीड़ित रोगियों को दस्त, मलद्वार की खुजली, खूनी बवासीर।

श्वास संस्थान- कंठ की कर्कशता, खाँसी।

गर्दन और पीठ- कमर का दर्द, चलना आरम्भ करते ही बढ़ जाता है।

नींद- स्पष्ट सपने, किसी संकट की संभावना।

चर्म- त्वचा एकदम सफेद, हथेलियों पर दरारें या त्वचा की कठोरता।

मात्रा- तीसरी शक्ति से बारहवीं शक्ति के विचूर्ण।

29. कैल्केरिया सल्फ्यूरिका (Calcaria Sulphurica)

इस औषधि के क्षेत्र में ऐसी प्रतिस्रावी अवस्थायें आती है, जिनमें मवाद बहना आरम्भ हो गया हो, श्लैष्मिक स्राव प्रायः पीले और गाढ़े होते हैं। इस औषधि के प्रभाव में छाजन, सूजन तथा पुटी, आर्बुद भी आते हैं।

सिर- बच्चों के गंजे सिर में पीव का बहना।

आँखें– आँखों में प्रदाह के साथ पीला श्लैष्मिक स्राव।

कान– बहरापन तथा मध्य कान में स्राव होता है। कानों के चारों ओर फुन्सियाँ होती हैं।

नाक– नाक के द्वारों से पीला स्राव होता है। नथुनों के किनारे दर्द से परिपूर्ण होते हैं।

चेहरे– चेहरे पर दाद, कीलें और फुन्सियाँ होती हैं।

मुख– जीभ थुलथुली, खट्टा स्वाद, जिह्वा मुख पर पीली परत का जमना।

उदर– आमाशय में दर्द तथा यकृत प्रदेश में भी पीड़ा।

मल– दस्त जिसमें खून मिला।

बाह्यांग– पैरों के तलुओं में जलन तथा खुजली।

ज्वर– मवाद बनने के कारण उत्पन्न ज्वर।

चर्म– कटे-फटे घाव, गन्दी मवाद बहती है, घाव जल्दी नहीं भरते हैं तथा पीली फुन्सियाँ त्वचा पर उभरी रहती हैं।

मात्रा– दूसरी और तीसरी शक्ति का विचूर्ण।

30. कन्वैल्लेरिया मैजालिस (Convallaria Majalis)

यह एक हृदय औषधि है जो हृदय को शक्ति देती है तथा उसे नियमित और सबल बनाती है। जब हृदय के रक्त संचार में अत्यधिक शिथिलता तथा अवरोध उत्पन्न हो गया हो, श्वास कष्ट और स्नायु दौर्बल्य तथा श्वास कष्ट तीव्रता से हो, तब इस औषधि का प्रयोग अति लाभदायक होता है।

मन– बुद्धि मन्द पड़ जाती है।

सिर– मन्द-मन्द सिरदर्द होता रहता है जो खंखारने या सीढ़ियाँ चढ़ने में बढ़ता है।

चेहरा– ओठों और नाक पर फुन्सियाँ।

मुख– कसैला स्वाद तथा जीभ में दर्द।

कंठ– श्वास लेते समय कष्ट का अनुभूति।

उदर– कपड़े तंग और कसे हुए मालूम पड़ते हैं। शूल प्रकृति की पीड़ा होती रहती है।

मूत्र– मूत्राशय में मन्द-मन्द दर्द।

हृदय– ऐसा लगता है कि दिल सारी छाती में धड़क रहा है। लेटकर श्वास लेने में कष्ट।

बाह्यांग- कमर के निचले भाग में दर्द, कलाइयों और टखनों में भी दर्द का होना।

ज्वर- कमर और सारी रीढ़ में ज्वर तथा हल्का पसीना।

मात्रा- तीसरी शक्ति, हृदय सम्बन्धी समस्याओं में एक से पन्द्रह बूँद की मात्रा।

31. कोनियम (Conium) प्वाइजन हेमलाक

सुकरात को यही विष देकर मारा गया था। इसमें पक्षाघात की अवस्था प्रकट होती है, जो नीचे से ऊपर की ओर चढ़ता है जिससे श्वास प्रणाली काम करना छोड़ देती है और रोगी की मृत्यु हो जाती है।

इन रोगों के उपचार में जैसे चलने-फिरने में कठिनाई अथवा चलने-फिरने की शक्ति का सहसा नष्ट हो जाना, पैरों में दर्दनाक अकड़न दुर्बलता, थकान, शिथिलता के लक्षण, रोगभ्रम, पेशाब की बीमारियाँ, स्मरणशक्ति का कमजोर पड़ जाना, कामागों की दुर्बलता आदि बीमारियाँ इस औषधि के प्रभाव के अन्तर्गत आती है। यह औषधि इन्फ्लूएंजा के बाद आने वाली दुर्बलता को तत्काल दूर करती है।

मन- मानसिक अवसाद एवं उत्तेजना, स्मरणशक्ति, दुर्बल, जरा-सा भी मानसिक श्रम सहन नहीं होता।

सिर- चक्कर महसूस होता है भोजन के बाद कष्ट में बढ़ोत्तरी, सिर के पीछे वाले भाग में मन्द-मन्द दर्द।

आँखें- अश्रुप्रवाह, धुँधली दृष्टि, प्रकाश सहन नहीं।

कान- दोषपूर्ण श्रवण शक्ति, कान में खून जैसा स्राव।

नाक- नाक दुखती है, नकसीर का होना।

आमाशय- जीभ की जड़ में पीड़ा और जलन कलेजे में भी भारी जलन।

उदर- जिगर और उसके आसपास दर्द, पुराना पीलिया।

मल- मल त्याग की बार-बार इच्छा।

मूत्र- अधिक कठिनाई से उतरता है।

पुरुष- सम्भोग की इच्छा बढ़ जाती है, किन्तु कामशक्ति घट जाती है।

स्त्री- ऋतुस्राव नियत समय के बहुत बाद तथा कम मात्रा में, स्तनों में दर्दनाक पीड़ा।

श्वास संस्थान- सूखी खाँसी, छाती में सिकुड़न तथा दर्द।

पीठ- पीठ में दर्द, कमर के निचले भाग में दर्द।

बाह्यांग- थकने जैसा, लकवा भार गया हो, हाथों में पसीना।

चर्म- सारे बाजू में सुन्नपन की अनुभूति, त्वचा में डंक लगने सा दर्द, नींद आते ही पसीना का आना।

मात्रा- छठी से तीसवीं शक्ति तक।

32. ग्रेफाइटिस (Graphitis) काला सीसा (Black Lead)

ऐसे लोगों के लिए उपयोगी जो गौर वर्ण और बलिष्ठकाय हो। वे स्थूलकाय शीतप्रधान तथा कब्जियत से पीड़ित रहते हैं।

मन- डरपोक, निर्णय में अक्षम, चौंकने वाले, तमतमाया चेहरा, संगीत सुनकर रो पड़ना, शंकालु भयातुर तथा निराशा की प्रवृत्ति।

सिर- अधिक रक्त का बहाव, नकसीर, प्रातः जागने पर सिरदर्द, कपाल शीर्ष में जलन।

आँखें- पलकें लाल सूजी हुई।

कान- खुश्की, शोरगुल अच्छा लगता है, ऊँचा सुनाई देता है।

नाक- दर्द का अहसास, फूलों की सुगन्ध सहन नहीं होती है।

चेहरा- ऐसा लगता है जैसे मकड़ी का जाल तना हो, जलन और डंक लगने जैसी अनुभूति।

आमाशय- मिष्ठान खाने से मितली, गरम पेय अरुचिकर, दूध पीने से राहत।

उदर- पूर्णता और भारीपन का अहसास।

मल- कब्जियत रहना।

मूत्र- गंदला और खट्टी गन्ध वाला।

स्त्री- सम्भोग के प्रति अरुचि, प्रदर स्राव पीला पतला।

पुरुष- रति दौर्बल्य, शीघ्रपतन, वीर्य स्खलन का अभाव।

श्वास- वक्ष की सिकुड़न, खाँसी।

बाह्यांग- गर्दन के जोड़, पीठ तथा कन्धों में दर्द, भारी दुर्बलता, नाखून मोटे काले खुरदरे, पैरों में दुर्गन्धित पसीना।

चर्म- खुरदरी कठोर, फुन्सियाँ, मुहांसे, पैरों की सूजन।

मात्रा- छठी से तीसवीं शक्ति तक।

33. ग्लोनाइन (Glonoine)

अत्यधिक गर्मी, सिरदर्द तथा सर्दी के कारण होने वाले मस्तिष्क के ऊपरी भाग में रक्त संचय की एक विशेष गुणकारी औषधि है। अत्यधिक चिड़चिड़ापन, सहसा उत्तेजित हो जाना, भारी आलस्य, सिर और हृदय की ओर रक्त का तेज बहाव, सारे शरीर में दर्द की अनुभूति, ठण्डे तथा सिकुड़े अंग आदि की परेशानी में इस औषधि का बहुत उपयोग होता है।

सिर- सिर के ऊपर गर्मी, सिर में भारीपन, सिर नंगा रखने से आराम, अत्यन्त चिड़चिड़ा स्वभाव वाला, सिर में झटके लगते हैं, सिर की ओर खून के तेज बहाव के कारण रक्ताघात की आशंका।

आँखें- अक्षर छोटे दिखायी देते हैं, आँखों के आगे चिनगारियाँ तैरती दिखायी देती हैं।

मुख- टीस तथा दाँतों में पीड़ा।

कान- टीस, हृदय की धड़कन कानों में गूँजती है।

चेहरा- गरम नीला, पीला, तमतमाया हुआ।

कंठ- घुटन का अनुभव, कानों के नीचे सूजन।

आमाशय- खालीपन की अनुभूति, मितली और वमन, अस्वाभिक भूख।

स्त्री- ऋतुस्राव देर से होता है।

हृदय- हृदय की ओर रक्त का अधिकता से बहाव, मूर्छा के दौरे पड़ने लगते हैं।

बाह्यांग- सारे शरीर में खुजली, कमर दर्द तथा बायीं बाजू में दर्द की अनुभूति।

रूपात्मकतायें- प्रातः छह बजे से दोपहर तक बायीं ओर वृद्धि का अनुभव होना, दमा, हृदय शूल तथा हृत्पात में भी प्रयोग लाभकारी, यह एक आपात्कालीन औषधि है।

मात्रा- छठी से तीसरी शक्ति तक।

34. ग्लिसरीनम् (Glycerinum)

शक्तिकृत ग्लिसरीन का होमियोपैथिक उपचार में भी प्रयोग किया जाता है। यह शारीरिक और मानसिक दुर्बलता, मधुमेह आदि के उपचार में प्रभावी औषधि मानी गयी है।

सिर- टीस के साथ सिर में दर्द होती है, सिर भरा हुआ महसूस होता है विशेषकर सिर का पिछला भाग।

नाक- बन्द, छींकें तथा नजला, नाक के पिछले द्वारों में दर्द का अहसास।

सीना- खाँसी और कमजोरी की अनुभूति।

मूत्र- बार-बार पेशाब होना और वह भी अधिक मात्रा में, गुरुत्व और शर्करा की मात्रा बढ़ी हुई, मधुमेह।

बाह्यांग- आमवाती दर्द, पैर गरम और बढ़े हुए प्रतीत होते हैं।

मात्रा- तीसवीं से उच्चतर शक्ति वाली।

35. चेलीडोनियम मेजस (Chelidonium Majus)

यकृत रोगों की यह प्रमुख औषधि है तथा यकृत के प्रायः सभी विकारों के निराकरण में इसका प्रभावी योगदान होता है। त्वचा पीली होती है और दायें कन्धें में दर्द की अनुभूति होती रहती है। सारे शरीर में शिथिलता रहती है।

सिर- गरदन की जड़ से लेकर सारे शरीर के पिछले भाग में बर्फ जैसी ठण्डक का अहसास, भारी सुस्ती, आगे की ओर गिरने की प्रवृत्ति, सिर के दायें भाग में दर्द, जो नीचे कानों के पीछे तथा कन्धों के जोड़ों तक फैलता है। यकृत में दर्द।

नाक- नथुनों का बार-बार फड़कना।

आँखें- पीलापन, ऊपर देखने में कष्ट, अश्रुप्रवाह में तीव्रता।

चेहरा- पीलापन, झुर्रियाँ।

आमाशय- गरमागरम चीजें खाना ज्यादा प्रिय, खा लेने से पेट दर्द में कुछ कमी।

उदर- यकृत और पित्ताशय में रुकावट, पीलिया यकृत बढ़ा हुआ, पित्त कोश की पथरियों की संभावना।

मूत्र- अधिक मात्रा में।

मल- कठोर, मलद्वार में जलन और खुजली।

श्वास संस्थान- श्वास कष्ट, काली खाँसी, छाती के दायें भाग में और कन्धे में दर्द तथा श्वास लेने में कठिनाई, कठिनाई से निकलने वाला बलगम, छाती में घुटन।

पीठ- गर्दन की जड़ में दर्द का होना, बायें कन्धें में निम्न कोण में दर्द, सिर बायीं और खिंचा जाता है।

बाह्यांग- बाजू, हाथ कन्धे और अँगुलियाँ बर्फ जैसे ठण्डे। दायीं ओर अधिक कष्ट का होना।

चर्म- त्वचा, सूखी रंगत-पीली, झुर्रियाँ पड़ना, फुन्सियाँ और दाने आमतौर से सल्फर इसके अपूर्ण कार्य को पूरा करती हैं।

मात्रा- मूलार्क और निम्न शक्तियाँ।

36. जिंकम मेटालिकम (Zincum Metallicum)

फीका चेहरा, ताप की कमी, जीर्ण के साथ मस्तिष्क एवं मेरुदण्ड के लक्षण दिखायी पड़ते हैं, कम्पन्न, स्फुरण। दर्द मानो त्वचा और मांस के बीच।

मन- स्मरणशक्ति कमजोर, काम और बातचीत में अरुचि, शोरगुल असह्य, विषादोन्माद, आलसी।

सिर- लगता है कि जैसे बायीं ओर गिर पड़ेगा, तकिया के अन्दर सिर का गड़ाना अच्छा लगता है, सिर में गर्जना, माथा ठण्डा, भयभीत रहना।

आँखें- अश्रुस्राव, खुजली, पलकों का लटक जाना, आँखों की पुतलियाँ घूमना, धुँधली दृष्टि, तीव्र सिर दर्द।

कान- सुई गड़ने जैसी वेदना, बाहरी सूजन।

नाक- अन्दर की ओर घाव होने की अनुभूति।

चेहरा- मुँह के कोने फटे, होंठ फीके, ठोड़ी पर लाली।

मुख- दाँत पीसना, दाँत ढीले, जीभ पर फफोले, पैर ठण्डे।

कंठ- सूखा, भोजन निगलते समय दर्द।

आमाशय- मितली, हिचकी, राक्षसी भूख, छाती में जलन।

उदर- हलके भोजन के बाद भी दर्द का अहसास।

मूत्र- मूत्र रोध, खाँसते-छींकते समय मूत्र स्त्राव का हो जाना।

मलांत्र- कठोर, छोटा, कब्जियत।

पुरुष- अण्डकोश सूजे।

स्त्री- डिम्बकोषिय वेदना, बेचैनी, हताशा, ठण्डक।

श्वास- छाती में सिकुड़न, वेदना, बलगम निकलने से श्वास कष्ट में आराम।

पीठ- कमर दर्द।

बाह्यांग- चंचलता कम्पन्न, दुर्बलता, विवाई फटना, स्कन्ध पलकों में भारी वेदना।

नींद- नींद में चिल्लाता है, झटके लगते हैं।

मात्रा- दूसरी से छठी शक्ति।

37. जेल्सीमियम (Gelsimium)

स्नायुजाल (Nervous System) से सम्बन्धित यह औषधि बहुत महत्त्वपूर्ण मानी जाती है। मन्द नाड़ी, थकान मनोविरक्ति, पक्षाघात, शिथिलता, अवसन्नता, पेशी समन्वय का अभाव आदि में प्रभावी, ठण्डी तथा नमी के कारण अनेक शिकायतें।

मन- शान्त और अकेला रहना चाहता है। आलसी, लापरवाही, थकानयुक्त, शैथिल्य स्वभाव का, भावोद्वेग उत्तेजना वाला, भयातुर, बच्चा चौंकता है।

सिर- चक्कर, सिर के पीछे भाग में दर्द, धीमा-धीमा भारी दर्द, कनपटी में भी दर्द की अनुभूति, सिर को तकिये के ऊपर ऊँचा उठाकर रखना चाहता है।

आँखें- पलकें भारी द्विगुण दृष्टि, धुँधली दृष्टि।

नाक- छींकें, नासिका में रुक्षत, मन्द-मन्द सिरदर्द और ज्वर।

चेहरा- तमतमाया हुआ, भारी गरम, मन्द दृष्टि, ठोढ़ी काँपती है।

मुख- पीली कम्पायमान, जीभ सुन्न, लकवाग्रस्त।

कंठ- निगलने में कठिनाई, कोमल तालु में खुजली और गुदगुदी, कंठ से लेकर कान तक दर्द।

आमाशय- हिचकी शाम को अधिक, अन्दर खालीपन और दुर्बलता की अनुभूति।

मल- भय और बुरे समाचार से दस्त की अवस्था, चाय की पत्ती की तरह हरा मल।

मूत्र- काफी मात्रा में।

श्वास संस्थान- मन्द, छाती में घुटन।

हृदय- धड़कन, नाड़ी कोमल दुर्बल।

बाह्यांग- पेशी नियन्त्रण, शक्ति का अभाव।

नींद- पूरी नींद नहीं आती है।

मात्रा- मूलार्क से लेकर तीसवीं शक्ति तक।

38. टुबर कुलीनम (Tuber Culinum) यक्ष्मा विषजनित पदार्थ

क्षयरोग चिकित्सा में बहुत उपयोगी औषधि है। रोगी सदैव थका हारा, अत्यधिक संवेदनशील मानसिक रूप से भी दुर्बल, स्नायविक कमजोरी।

मन- उन्माद, अनिद्रा और गहन निद्रा, चिड़चिड़ा सोकर उठते समय हताश, कोसना और कसम खाने की आदत।

सिर- तीव्र स्नायु शूल, सिरदर्द, तीव्र वेदना, बहुमूत्रता, भयभीत, नाक में फोड़ा निकलना।

कान- दुर्गन्धमय स्राव, टेढ़े-मेढ़े किनारे।

आमाशय- खालीपन तथा भूमि की अनुभूति, ठण्डा दूध पीने की इच्छा।

उदर- मल गाढ़े कत्थई रंग का दुर्गन्धयुक्त तथा बहुत तेजी से निकलता है।

स्त्री- ऋतुस्राव नियत समय से बहुत पहले, बहुत मात्रा में।

श्वास- बलगम गाढ़ा सरलतापूर्वक निकलता है।

छाती- दम घुटने जैसी अनुभूति, प्रचुर पसीना और वजन घटना, सारी छाती में कर्कश ध्वनियाँ।

पीठ- कन्धों के बीच या पीठ के ऊपर जाड़ा लगना।

नींद- अतिशीघ्र जाग पड़ना, नींद दिन में भी आती है। बेचैन कर देने वाले सपने आते हैं।

ज्वर- प्रचुर पसीना, अल्प विरामी ज्वर।

मात्रा- टुबर कुलीनम को बार-बार प्रयोग करने की आवश्यकता होती है। ऐसी स्थिति में किसी योग्य चिकित्सक के सलाह पर ही औषधि की मात्रा का निर्धारण करना उपयुक्त होगा।

39. टिलिया (Ptelea)

यह यकृत रोगों और आमाशय की बहुत ही उत्कृष्ट दवा है। यकृत प्रदेश में भारीपन की बड़ी अनुभूति होती है। जो बायीं करवट लेटने से बढ़ने लगती है।

सिर- माथे ले लेकर नाक की जड़ तक दर्द, माथे में दर्द, कनपटियों में दबाव, निष्क्रियता और थकावट का अनुभव।

मुख- अत्यधिक लाल स्राव, सूखा कड़वा स्वाद, जीभ खुरदरी सूखी, काँटेदार और लाल।

आमाशय- मरोड़, डकारें, मितली, वमन, ताप और जलन की निरन्तर अनुभूति होती रहती है। भोजन के उपरान्त भी आमाशय खाली प्रतीत होता है। आमाशय के साथ अंगों में भी दर्द बना रहता है।

उदर- दायें भाग में दर्द और बहुत भार की अनुभूति, दायीं ओर लेटने पर आराम, यकृत सूजा हुआ, पेट भीतर की ओर धँसा हुआ।

श्वास प्रश्वास- दमा, श्वासकष्ट, हृदय में ऐंठनयुक्त पीड़ा।

नींद- अस्थिर दु:स्वप्न, जागने पर थकावट की अनुभूति, बायीं करवट लेटने में ऊषा काल में वृद्धि होती है।

मात्रा- पहली से तीसवीं शक्ति तक रोगी को ध्यान में रखकर निर्धारित करें।

40. टाबैकम (Tabacum) तम्बाकू

मितली, घुमनी, वमन, बर्फ-सी ठण्डक और पसीना, पेट ठण्डा, दस्त, अल्परक्तचाप, कंठ, वक्ष, मूत्राशय की सिकुड़न, पीलिया तथा दम फूलना।

मन- हताशा, अतृप्त, भुलक्कड़, जीवन की व्यर्थता की अनुभूति।

सिर- चक्कर, मितली, आकस्मिक दर्द, आँख, नाक और मुख के स्रावों में बढ़ोत्तरी।

आँखें- दृष्टि धुँधली, काले धब्बे दिखना।

चेहरा- नीला, धँसा हुआ फीका।

कंठ- प्रात:कालीन खाँसी, गले में खराश, वमन।

आमाशय- मितली, वमन, जठरशूल, बायीं बाँह में दर्द।

मलांत्र- कब्जियत, दस्त, ठण्डा पसीना।

मूत्र- मूत्रनलियों में अवरोध तथा भयंकर वेदना।

हृदय- बायीं करवट लेटने पर धड़कन।

श्वास संस्थान- वक्ष में कष्टकर भयंकर सिकुड़न, बायीं करवट लेटने पर बाँह के नीचे चुनचुनी।

नींद- अनिद्रा।

ज्वर- जाड़े के साथ ठण्डा पसीना, हाथ-पैर बर्फ जैसे ठण्डे।

मात्रा- तीसरी से तीसवीं तक।

41. डल्कामारा (Dulcamara)

मौसम की नमी तथा भीगने के बाद होने वाले सर्दी, जुकाम, दस्त आदि में प्रभावी, त्वचा निष्क्रिय अंग-उपांगों में अधिक स्राव, रक्तसंचयी सिरदर्द, सूखी नाक तथा नाड़ी शूल।

सिर- पिछले भाग में दर्द, बात करने से सिरदर्द में राहत, ठण्डे मौसम में सिर का पिछला हिस्सा ठण्डा तथा भारी सिर के अन्दर भिनभिनाहट होती है।

नाक- नाक पूर्णतया बन्द हो जाती है। सूखा नजला, ठण्डी हवा लगने से भी नाक बन्द हो जाती है।

आँखें- सर्दी जुकाम से आँखें भी प्रभावित होने लगती है।

कान- भिनभिनाहट, कानदर्द, सुई जैसी चुभन ।

चेहरा- दर्द, तीव्र भूख।

मुख- लार चिपचिपी, खुरदरी जीभ, स्नायुशूल, जरा सी ठण्ड लगने से कष्ट बढ़ जाता है।

उदर- ठण्ड लगने से उदरशूल।

मल- हरा, पनीला।

मूत्र- ठण्ड लगने से मूत्र त्याग करना पड़ता है।

श्वास संस्थान- खाँसी जो भीगे मौसम में बढ़ जाती है। सर्दियों की खाँसी, दमा के साथ श्वास कष्ट।

पीठ- गर्दन पर अकड़न, कमर में पीड़ा।

बाह्यांग- पक्षाघात, पैर बर्फ जैसे ठण्डे, हथेलियों पर पसीना।

चर्म- ग्रन्थि शोथ छोटे-छोटे फोड़े, लाल-लाल धब्बे।

पूरक दवा- वैराइटा कार्बोनिका।

मात्रा- दूसरी से तीसरी शक्ति तक।

42. डिजिटेलिस (Digitalis)

यह एक प्रभावशाली दवा है जो उन सभी रोगों पर प्रभावशाली ढंग से काम करती है, जो प्रमुख रूप से हृदय आक्रान्त हो। जहाँ हृत्पेशियों की दुर्बलता, नाड़ी दौर्बल्य जैसी शिकायतें हों। जब हृदय अपने अपकर्ष को रोकने में लाचार हो जाता है, तब यह औषधि चमत्कारिक रूप से लाभ करती है। प्रायः जब हृदय में विकम्पन और गतिशीलता का आरम्भ हो जाये और हृदयरोध तथा अत्यधिक मन्द नाड़ी एवं एक अत्यधिक दुर्बलता का अहसास होता हो तब यह औषधि एक प्रकार का चमत्कारिक प्रभाव डालती है। अनियमित श्वास, शारीरिक शक्ति का ह्रास, मूर्छा एवं ठण्डापन आदि अन्य लक्षण पाये जाते हों तब यह औषधि बड़ी कारगार मानी गयी है। यकृत की कठोरता एवं यकृत विवर्धन के फलस्वरूप होने वाली पीलिया के उपचार में भी इस औषधि का बड़ा महत्त्व है। यह औषधि हृत्पेशियों को बल देती है। प्रकुचन शक्ति बढ़ाती है तथा प्रकुचन और निकुचन की अवधि भी बढ़ाती है, जब अवसाद की अवस्था घेर लेती है।

मन- भविष्य के बारे में चिन्तित, निराश, भयातुर, खिन्नता और नाड़ी की चाल सुस्त हो गयी हो।

सिर- हृदय रोगों और यकृत रोगों में सिर में चक्कर, माथे में तीव्र दर्द जो नाक तक फैल जाता हो, विशेषत: जब ठण्डा पानी पीने से इस प्रकार का दर्द हो। सिर में भारीपन की ऐसी अनुभूति होती हो जैसे वह पीछे गिर पड़ेगा, जीभ और होंठ नीले पड़ जाते हैं।

आँखें- पलकों में नीलापन, हरा रंग पहचानने में गड़बड़ तथा हर चीज हरी-पीली दिखायी देती हो। पुतलियों में फैलाव तथा पलकों के सिरे लाल तथा सूजे हुए।

आमाशय- मुख का स्वाद मीठा मालूम पड़े, अत्यधिक दुर्बलता और जलन जो श्वासनली तक फैल जाये, भोजन देखते ही असुविधा की अनुभति।

उदर- बायीं ओर दर्द, यकृत बढ़ा हुआ।

मल- सफेद खड़िया जैसा।

मूत्र- बूदँ-बूँद गिरता हो, गहरे रंग का।

श्वास संस्थान- गहरी श्वास लेने की इच्छा, श्वसन क्रिया अनियमित, मीठा बलगम, फेफड़े भीचे महसूस हों, बोलना सहन नहीं।

हृदय- जरा-सी हरकत में तेज धड़कन, ऐसा लगे कि हृदय की धड़कन कहीं बन्द न हो जाये, हृदय में सुई के चुभने जैसा दर्द, शरीर का रंग नीला पड़ जाता हो, नाड़ी क्षीण पर हिलने-डुलने से तेज।

बाह्यांग- पैरों में सूजन, हाथ-पैर ठण्डे, जोड़ों में आमवाती दर्द।

नींद- नींद से ऐसे जागना जैसे किसी ऊँचाई से गिर गया हो।

ज्वर- तमतमाहट और स्नायविक दुर्बलता।

चर्म- त्वचा पर लाल चकत्ते, पलकों, कानों ओठों और जीभ की नलिया नीली।

मात्रा- तीसरी से तीसवीं शक्ति तक। जैसे ही नाड़ी की चाल 80 प्रति मिनट हो जाये, औषधि की मात्रा घटा दें और चिकित्सक से परामर्श लें।

43. ड्रोसेरा (Arosera)

काली खाँसी तथा श्वासांगों पर विशेष प्रभावी, फुफ्फुस यक्ष्मा, जठर क्षोम, कूल्हे के जोड़ों में दर्द और यक्ष्मा ग्रस्त ग्रन्थियों में प्रभावी।

सिर- खुली हवा में टहलते समय चक्कर आना, बायीं ओर गिरने का भय, चेहरा आधा भाग ठण्डा और डंक लगने जैसा दर्द तथा दायीं ओर आधे चेहरे पर गर्मी।

आमाशय- अम्लीय पदार्थों से अरुचि।

श्वास संस्थान- शुष्क खाँसी या दम घुटना, पीला बलगम, कंठदाह, कर्कश ध्वनि, बोलने के लिए जोर लगाना पड़ता है।

बाह्यांग- पैरों के जोड़ों में अकड़न, बिस्तर कठोर लगता है।

ज्वर- आन्तरिक शीत, प्यास का अभाव, हमेशा ठण्ड लगती रहती है।

मात्रा- पहली से 12वीं शक्ति तक।

44. थाइमोल (Thymol) (थइम कैम्फर)

जनन और मूत्र सम्बन्धी रोगों की औषधि है। वीर्यपात एवं स्वप्नदोष में लाभकारी, जनन अंगों की निर्बलता दूर करती है। मानसिक अवसाद को दूर करती है।

मन- चिड़चिड़ा तथा कोई दबाव न मानने वाला, अपनी इच्छानुसार मनमानी काम करने वाला, मित्रों तथा सगे साथियों के साथ घूमने तथा रहने की इच्छा रहती हैं, हताशा की अनुभूति होती है।

पीठ- सारे कटि प्रदेश में पीड़ा, थकान सा अनुभव।

पुरुष- कामातुर सपने, स्वप्रदोष तथा वीर्यपात मूत्र पथ में जलन, मूत्र बूँद-बूँद टपकता है।

नींद- कामोत्तेजक सपने, जगने पर थकान का अनुभव होता है।

मात्रा- छठी शक्ति।

45. थूजा ऑक्सिडेण्टैलिस (Thuja Occidentals)

यह चर्म, रक्त, वृक्कों और मस्तिष्क के उपचार हेतु प्रभावी औषधि है। इसकी मुख्य क्रिया जनन, मूत्र अंगों तथा चर्म पर होती है। प्रमेहदोषक वेदनाओं में भी लाभकारी है। शुष्क मौसम में पीड़ा की कमी, भीगी हवा और पानी कष्ट पहुँचाती है। फुन्सियों को जल्दी सुखा देती है। तीव्र थकान, धातुदोष तथा चर्म रोग में लाभकारी होती है।

मन- स्थिर, आत्मा और शरीर की पृथक्ता का घना बोध, आवेगपूर्ण असहिष्णुता।

सिर- दर्द जैसे किसी ने कोई कील ठोक दी हो, केश शुष्क, बाल झड़ते हैं मुखमण्डल तैलीय गुणों वाला।

आँखें- पलकें परस्पर रात में चिपक जाती है, पलकों में स्नायुशूल।

कान- मवाद जैसा स्राव।

नाक- पुरानी सर्दी, हरा-गाढ़ा श्लेष्मा।

आमाशय- भूख नहीं लगती है, आलू और प्याज से अरुचि, खाना खाने के बाद दर्द, चाय पीने से अजीर्ण।

उदर- फूला हुआ, पुराना दस्त, कब्जियत।

मूत्र- मूत्र मार्ग सूजा हुआ, जलन, मूत्र त्याग के बाद दर्द का होना।

श्वास संस्थान- दोपहर के बाद खाँसी, वक्ष में सुई जैसी चुभन, स्वर नली का प्रदाह।

बाह्यांग- अँगुलियाँ लाल, अनुभूति शून्य तथा सूजी हुई, सन्धियों में कड़कड़ाहट, से एड़ियों में दर्द।

चर्म- शुष्क चर्म, ग्रन्थियों में भयंकर दर्द, स्पर्श के प्रति असहिष्णु, हाथों व बाहों में कत्थई रंग के धब्बे।

नींद- अनिद्रा से ग्रसित।

ज्वर- जाड़ा जांघों से आरम्भ होता है। पसीना सारे शरीर पर, रक्त का वेग बढ़ना।

पूरक दवायें- सैवाइना, आर्से, नेट्रमस तथा सिलीका।

मात्रा- मूलार्क से लेकर तीसवीं शक्ति तक।

46. नक्स वोमिका (Nux Vomica) (कुचला विष)

यह औषधि बहुत से रोगों में बड़ी उपयोगी है अत: यह होमियोपैथी की बड़ी प्रसिद्ध दवा मानी जाती है। किसी भी औषधि के अत्यधिक मात्रा में प्रयोग करने के बाद बहुधा इस औषधि का प्रयोग किया जाता है।

नक्स- अनेक रोगों की प्रमुख औषधि मानी जाती है। कृशकाय, जल्दबाज सक्रिय स्नायविक और चिड़चिड़ा होना, मानसिक बोझ से दबा परन्तु शारीरिक श्रमहीन जीवन व्यतीत करता है, काफी शराब, धूम्रपान, अफीम लेने में रुचि देर तक जागना उसके जीवन नियम जैसा है। नक्स मुख्यत: पुरुषों की औषधि है। ऐसे लोगों को आसानी से सर्दी लग जाती है, अत: वे खुली हवा से बचते हैं। नक्स के रोगी सदा आपे से बाहर प्रतीत होते हैं।

मन- अत्यन्त चिड़चिड़ा, असहिष्णु, अभद्र, गन्ध तथा प्रकाश के प्रति असहनशील, दूसरों के दोष निकालने वाला।

सिर- आँखों के ऊपर अथवा सिर के पीछे भाग में दर्द मालूम पड़ता है। खोपड़ी संवेदनशील माथे में दर्द, चमकीली धूप में भी दर्द होने लगता है।

आँखें- प्रातः आँखों में अत्यधिक प्रकाशभीत्ति (Photophobia), आँखों से पानी गिरना, मादक द्रव्यों के सेवन में अभिरुचि के कारण नेत्र पेशियों में आंशिक पक्षाघात।

कान- कान में खुजली, ऊँचे शब्द, कर्कश शब्द अप्रिय लगते हैं।

नाक- रात में प्रायः बन्द नाक, सर्दी, जुकाम अधिक।

मुख- मसूड़े सूजे, ठण्डे पदार्थों से कष्ट, सफेद-पीली जीभ।

कंठ- खुरदरा, सुबह जागने पर सुरसुराहट, कानों में सुई के बींधने जैसा दर्द होता है।

आमाशय- खट्टा स्वाद, प्रातः तथा भोजन के बाद मितली, खट्टी तथा कड़ुवी डकारें, गैस की कष्टकर डकारें, राक्षसी भूख, भोजन के कई घंटे बाद भी पत्थर जैसा दबाव।

उदर- नंगा रहने से पेट दर्द, दम का फूलना, शूल के साथ पेट में ऊपर की ओर दबाव की अनुभूति।

मल- कब्जियत, ऐसा प्रतीत होता है कि मलत्याग करने के बाद भी मल भीतर रह गया है। मल अल्प पर इच्छा अधिक।

मूत्र- क्षोभक मूत्राशय, मूत्र त्याग की बार-बार इच्छा।

पुरुष- अत्यधिक कामोत्तेजना, स्वप्नदोष, मेरुदण्ड में जलन चिड़चिड़ापन एवं दुर्बलता का अहसास।

स्त्री- ऋतुस्राव नियत समय से बहुत पहले, अतितीव्र काम वासना।

श्वास- खाँसी, सर्दी जनित स्वर भंग, दमा के साथ खुसखुसी खाँसी।

पीठ- कटि प्रदेश में दर्द, मेरुदण्ड में जलन, बैठना दर्दनाक।

बाह्यांग- टाँगें सुन्न, पिण्डलियों और तलुवों में ऐंठन, चलते समय घुटनों में कड़कड़ाहट, प्रातः पैरों और बाहों में शक्तिहीनता की अनुभूति।

नींद- रात को 3 बजे से प्रातः तक सोना बहुत कठिन, भोजन के बाद सन्ध्या में नींद का आना, दौड़-धूप और व्यस्तता से भरा जीवन।

चर्म- शरीर जलता हुआ गरम, निर्वस्त्र नहीं रह सकता, पेट में गड़बड़ी के साथ मुहाँसें तथा त्वचा लाल।

ज्वर- शीतावस्था की प्रधानता, कँपकँपी, नाखूनों में नीलापन, हाथ, पैर, पीठ में दर्द।

मात्रा- पहली से तीसवीं और उच्चतर शक्तियाँ। नक्स को शाम को देना ज्यादा ठीक।

47. नैट्रम फास्फोरिकम (Natrum Phosphoricum)

दुग्धाम्ल (Lactic acid) की अधिकता जो शर्करा के अधिक सेवन किये जाने के फलस्वरूप बनता है। ऐसे रोगों की अवस्थायें जिसमें अम्ल की अधिकता रहती हो- खट्टी डकारें, खट्टा स्वाद, उदर शूल, पेट में कृमि होने की सम्भावना आदि।

मन- भय से आक्रान्त, रात्रि में जगने पर कल्पना करना कि जैसे कमरे में कोई चल रहा हो।

सिर- पूर्णता की अनुभूति और टीस।

आँखें- आँखों से पीला क्रीम जैसा स्राव।

कान- एक कान लाल और गरम।

नाक- नाक में खुजली तथा बदबू।

चेहरा- चेहरा मुरझाया हुआ नीला।

मुख- जीभ की नोक पर छाले, जीभ के ऊपर आर्द्र परत, तालु के पीछे भाग पर पीली परत।

आमाशय- खट्टी डकारें, खट्टा वमन, हरे दस्त।

बाह्यांग- घुटने में आमवात्।

पीठ- थकान, अँगुलियों के जोड़ों में धीमी चुभन।

चर्म- पीली त्वचा, टखनों में खुजली, शीत-पित्त रात में पैरों में जलन।

मात्रा- तीसरी से 12वीं शक्ति तक विचूर्ण।

48. नेट्रम म्यूरियेटिकम (Natrum Muriaticum) सोडियम क्लोराइड

अधिक समय तक नमक का सेवन करने से शरीर में विपरीत परिवर्तन, रक्त में भी परिवर्तन होने लगता है। आमवाती गठिया अत्यधिक कमजोरी, ठण्डक, कृशता, सर्दी-जुकाम, सारे शरीर में सिकुड़न भारी दुर्बलता और थकान, वृक्कशोथ, मधुमेह।

मन- रोग शोक, भय, क्रोध, चिड़चिड़ापन, छोटी-छोटी बातों पर नाराज होना जल्दबाज, रोने के साथ हँसना।

सिर- टीस, सिरदर्द, सिर बहुत बड़ा प्रतीत होता है। कृशकाय रोगी, ओठों, जीभ और नाक में सुन्नपन।

आँखें- पेशियाँ कमजोर और जकड़ी हुई, आँखों में जलन, अश्रुनली में सिकुड़न, अश्रुपात जलन पैदा करने वाला, आँखें आँसुओं से भीगी हुई, पलकें सूजी, मोतियाबिन्द की प्रारम्भिक अवस्था।

कान- भारी आवाजें, गर्जना, टनटनाहट।

नाक- सर्दी,-जुकाम, श्वास लेने के कठिनाई, स्राव पतला पनीला, छीकें, गन्ध और स्वाद का लोप, खुश्की।

मुख- जीभ ओठों तथा नाक में सुन्नपन, स्वादलोप, ओठ पर छाला।

आमाशय- हृदय-दाह, धड़कन, खाते समय पसीना, नमक खाने की इच्छा।

उदर- पेट के अन्दर काटती पीड़ा, पेट फूला हुआ, खाँसने में दर्द।

मूत्र- पेशाब करते हुए दर्द।

श्वास संस्थान- यकृत में सुई जैसी चुभन, छाती में भी ऐसी ही चुभन का अहसास, खाँसी, हाँफना, खाँसते समय अश्रुप्रवाह।

हृदय- हृदय में ठण्डक की अनुभूति, छाती में सिकुड़न, हृदय में भी टीस, लेटने पर भी हृदय में धड़कन।

बाह्यांग- पीठ में दर्द, नखशोथ, अँगुलियों में सुन्नपन, चलते समय पैरों में कड़कड़ाहट।

नींद- शोकाकुल होते ही नींद गायब।

चर्म- चिकनी।

मात्रा- 12वीं से तीसवीं शक्ति तथा उच्चतर शक्तियाँ।

49. पलसेटिला (Pulsatilla)

यह मुख्यतः स्त्रियों की औषधि है। उनका स्वभाव भद्र सहज समर्पणशील तथा मृदु स्वभाव वाली होती है। वे अनायास सहनशील, परिवर्तनशील, विरोधी मनोवृत्तियों वाली हो जाती हैं। उनके श्राव पीले हरे होते हैं। लक्षण परिवर्तनशील, बुरी तरह स्वास्थ्य बिगड़ने का समस्या, हाथों को सिर के ऊपर रखकर सोना पसन्द।

मन- सहज में ही रोने की आदत, अंधेरे में भूत-प्रेतों से भयभीत, डरपोक, दृढ़संकल्पहीन, सहानुभूति की चाह, पुरुष महिलाओं से और महिलाएँ पुरुषों से भयभीत, धार्मिक विषाद, अत्यन्त भावुक।

सिर– भ्रमणकारी अनुभूतियाँ, खुली हवा में आराम मिलता है। स्नायुशूल वेदना जो बायीं कनपटी से शुरू होती है। अत्यधिक परिश्रम से सिरदर्द।

कान– कर्णस्राव, भारी दुर्गन्ध, सर्दीजनित कर्णशोथ।

आँखें– आँखों में खुजली तथा जलन, पलकें प्रदाहित।

नाक– सर्दी, जुकाम, दायीं नाक बन्द, बदबूदार पपड़ियाँ।

चेहरा– दायें भाग का स्नायुशूल, निचले ओठ में सूजन।

मुख– शुष्क मुख, प्यास का अभाव, बार-बार कुल्ला करने की आदत, मुँह में बुरी गन्ध, रोटी का स्वाद कड़वा, अत्यधिक मीठी लार, स्वाद लोप।

आमाशय– गरम खान-पान से अरुचि, डकारें, खाद्य पदार्थों का स्वाद घटा सा प्रतीत होता है।

उदर– फूला हुआ, दर्दनाक।

मल– दो मल एक जैसे नहीं होते। शूल के साथ शाम को सर्दी।

मूत्र– बढ़ी हुई इच्छा, लेटते समय अधिक, मूत्र द्वार में जलन।

श्वास संस्थान– शाम को और रात को सूखी खाँसी।

नींद– शाम को नींद नहीं, जागने पर थका हुआ चेहरा, हाथों को सिर पर रखकर सोना।

पीठ– दर्द, बाह्यांग में निद्रा और जाड़ा, घुटने सूजे।

ज्वर– दर्द का तीव्र प्रकोप गर्म कमरे में भी।

मात्रा– तीसरी से तीसवीं तक।

50. पियोनिया (Paionia)

मलद्वार व मलांत्र के लक्षण महत्त्वपूर्ण, शरीर के निचले भागों में जैसे पैर की अँगुलियों, स्तनों, मलांत्र में घाव।

सिर– सिर और चेहरे में रक्त का तीव्र बहाव, सिर हिलाने पर चक्कर आना, आँखों में जलन, कान में टनटनाहट।

मलांत्र– मलद्वार में दर्द तथा खुजली, मलद्वार सूजा हुआ, भगन्दर अतिसार, मूलाधार से दुर्गन्धित रिसाव, मल त्याग के दौरान व उसके बाद तीव्र वेदना।

वक्ष– बायें वक्ष में दर्द, छाती में गर्मी, धीमा-धीमा दर्द।

बाह्यांग– कलाई, अँगुलियाँ, घुटने और पैरों की अँगुलियों में दर्द, कमजोरी के कारण टाँगों से चलने में कठिनाई।

नींद- डरावने सपने आते हैं।

चर्म- ज्वलनशील त्वचा, खुजली तथा ज्वलनशील।

मात्रा- तीसरी शक्ति।

51. पोडोफाइलम (Podophyllum) (May apple)

पित्त प्रधान व्यक्तियों के लिए उपयोगी। यह आँतों, मलयन्त्र और यकृत को रोगग्रस्त करती है। शूलवत वेदना व पित्त वमन, मल पानी सा, यकृत निष्क्रियता, अधो जठर वेदना होती है।

मन- खट्टे फलों को खाना पसन्द, वाचालता, प्रलाप मनोविषाद।

सिर- धीमा सिरदर्द, गर्म चेहरा, कड़ुआ स्वाद, पलकें आधी खुली रखना, कराहना, वमन करना।

मुख- रात में दाँत पीसना, जीभ चौड़ी-बड़ी तथा आर्द्र।

आमाशय- गर्म खट्टी डकारें, वमन और मिचली, हृददाह, दूध का वमन।

उदर- फूला हुआ, गर्मी और खालीपन, यकृत प्रदेश में दर्द, रोगग्रस्त अंग को मलने से आराम मिलता है, वृहदान्त्र में गड़गड़ाहट।

मलांत्र- चिरस्थायी दस्त, प्रातः दर्दहीन अतिसार, दुर्गन्धित प्रचुर मल, कब्जियत।

ज्वर- सुबह 7 बजे जाड़ा, घुटने टखनों और कलाइयों में दर्द, काफी पसीना आना।

मात्रा- मूलार्क से छठी शक्ति तक।

52. प्लैटीना (Platina) धातु (Metal)

यह मुख्यतः स्त्रियों की औषधि है। पक्षाघात, चेतनालोप, सुन्नपन और ठण्डक की प्रवृत्तियाँ।

मन- हत्या करने की इच्छा, अपने को श्रेष्ठ समझना, दूसरों के प्रति घृणा, अत्यधिक अभिमानी एवं अंहकारी, प्रत्येक वस्तु परिवर्तित प्रतीत होती है।

सिर- तना हुआ, दबावशील वेदना, माथे और दाहिनी कनपटी के आसपास सिकुड़न, सिरदर्द और सुन्नपन।

आँखें- आकार में छोटी तथा ठण्डी दिखायी देती है।

कान- सुन्न महसूस होते हैं, आकस्मिक तीव्र वेदना।

चेहरा- सुन्नपन की अनुभूति, नाक की जड़ में दर्द, सम्पूर्ण दाहिने चेहरे में ठण्डक, रेंगने और सुन्नपन की अनुभूति, वेदना धीर-धीरे बढ़ती है और धीरे-धीरे घटती है।

आमाशय- सिकुड़न, मितली अधीरता, दुर्बलता राक्षसी भूख।

उदर- नाभि प्रदेश में दर्द जो पीठ तक फैल जाता है।

मल- कब्जियत, अल्प, कठिनाई से निकलता है, मल झुलसा हुआ सा प्रतीत होता है।

बाह्यांग- जाँघों में कसाव, सुन्नपन और थकावट पक्षाघात ग्रस्त से प्रतीत होते हैं।

नींद- पैरों को एक-दूसरे से दूर रखकर सोना।

मात्रा- छठी शक्ति से तीसवीं शक्ति तक।

53. फास्फोरस (Phosphorus)

फास्फोरस श्लैष्मिक झिल्लियों को उत्तेजित कर प्रदाह लाती है तथा मेरु मज्जा में भी प्रदाह उत्पन्न करती है, जिसके कारण ही पक्षाघात होता है। रक्त को दूषित करती है। चयापचय क्रिया का विनाशकारी, यकृत की पीत शुष्कता तथा यकृतशोथ का कारण बनती है। लम्बे-पतले व्यक्ति जिनकी त्वचा पतली व स्वच्छ होती है अत्यधिक स्नायविक दुर्बलता, कृशता वाले व्यक्ति फॉस्फोरस से विशेष रूप से आक्रान्त होते हैं। प्रकाश, ध्वनि, गन्ध, स्पर्श, जलवायु में आँधी तूफानों आदि के प्रति अत्यधिक असहिष्णु होते हैं। लोहित रक्तकणों का आधिक्य, सिरोसिस, अस्थिक्षय आदि रोगजनक परिवर्तनों में भी फॉस्फोरस की जरुतत होती है। श्वास पथ में प्रदाह, पक्षाघाती लक्षण, आयोडीन और नमक अत्यधिक व्यवहार करने के कुपरिणाम तथा बायीं करवट लेटने से लक्षणों वृद्धि, उपदंश तथा मांसेपशियों में शक्तिहीनता एवं अस्थिमज्जा का प्रवाह।

मन- सहज ही चिढ़ जाता है, भयभीत, चौंक पड़ना, स्मरणशक्ति का लोप हर्षोन्माद, अकेले रहने का भय, मस्तिष्क थका-थका, सारा शरीर गरम अस्थिर और अशान्त।

सिर- मेरुदण्ड में गर्मी, स्नायुशूल, ज्वलनशील दर्द, खोपड़ी में खुजली तथा रूसी।

आँखें- मातियाबिन्द, आँखों के सामने काली बिन्दिया उड़ती हुई मालूम पड़ती है, अक्षर लाल दिखायी पड़ते हैं, पलकों और आँखों के आसपास शोथ।

कान- सुनने में कठिनाई, शब्दों की प्रति ध्वनिया सुनायी देती है।

नाक- तीव्र गन्ध की अनुभूति, पुराना, जुकाम।

चेहरा- पीला रुग्ण, गाल धंसे हुए गालों पर लाल और गोल धब्बे, निचले जबड़े में सूजन।

मुख- फूले हुए और रक्त स्रावी मसूड़े, दन्तशूल, जीभ सूखी, अत्यधिक ठण्डे पानी की प्यास।

आमाशय- खाने की अधिक भूख, भोजन के बाद खट्टा स्वाद एवं खट्टी डकारें, अत्यधिक नमक खाने का कुफल।

उदर- ठण्डा तथा दुर्बल, मामला, क्लोम ग्रन्थि की बीमारियाँ।

मल- अति दुर्गन्धित कठोर, सफेद मल।

मूत्र- गंदला, कत्थई रंग।

श्वास संस्थान- स्वर यन्त्र में दर्द के कारण बोल नहीं सकता है। खाँसते समय सारा शरीर काँपता है तथा गले में दर्द होती है।

हृदय- बायीं करवट लेटने से हृदय स्पन्दन में वृद्धि, नाड़ी द्रुत।

पीठ- जलन, मेरुदण्ड दुर्बल, वेदना की अनुभूति।

नींद- भोजन के बाद घोर तन्द्रा, अल्पकालिक झपकियाँ।

ज्वर- प्रतिदिन शाम को जाड़ा लगता है, रात में घुटने ठण्डे रहते हैं।

चर्म- छोटे-छोटे घावों में अधिक रक्तस्राव होता है, कामला चमड़ी के नीचे काले धब्बे।

मात्रा- तीसरी से तीसवीं शक्ति तक, न अति निम्न शक्तियाँ न इसे लगातार देना चाहिए। विशेषकर क्षयरोग की अवस्थाओं में तो बिल्कुल नहीं देना चाहिए।

54. फाइटोलेक्का (Phytolacca)

यह मुख्यतः ग्रन्थियों की दवा है। ग्रन्थियों के सूजन के साथ ताप और प्रदाह में अति उपयोगी, चिरआमवात, वजन घटने में, दाँत निकलने में विलम्ब होने में उपयोगी औषधि।

मन- अति वैराग्य तथा जीवन के प्रति विलिपप्ता का भाव।

सिर- दर्द महसूस होना, खोपड़ी का आमवात।

आँखें- प्रचुर अश्रुस्राव।

नाक- बहुती हुई।

मुख- दाँत पीसने की बार-बार इच्छा, मुँह से रक्तस्राव, अत्यन्त चिपचिपी लार, चीज नहीं निगल सकता है, जीभ के जड़ में दर्द जो कान तक पहुँच जाती है।

उदर- उदर-पेशियों में आमवात, नाभि में शूल, कब्जियत।

मूत्र- अल्प मात्रा, अवरूद्ध, गुर्दे का प्रदाह।

हृदय- हृदय प्रदेश में वेदना।

श्वास संस्थान- श्वास कष्ट सूखी खाँसी रात को अधिक पीठ कटि प्रदेश में हल्का दर्द।

बाह्यांग- दायें कन्धे में दर्द तथा अकड़न, पैर सूजे हुए।

चर्म- फोड़े होने की प्रवृत्ति, ग्रन्थियों में सूजन और कठोरता, मस्से और तिल।

मात्रा- मूलार्क से तीसरी शक्ति।

55. फेरम फास्फोरिकम (Ferrum Phosphoricum) आयरन फास्फेड

ज्वर की प्रारम्भिक अवस्थाओं में इसका स्थान वेलाडौना तथा एकोनाइट की तरह। फेरम फास्को रोगी हृष्ट-पुष्ट नहीं होता है, चेहरा अधिक सक्रिय होता है।

सिर- स्पर्श करने से ठण्ड, झटका लगने से दर्द, टीस की अनुभूति, सिरदर्द और चक्कर।

आँखें- लाल, धुँधली दृष्टि।

कान- कर्णशोथ लाल तथा सूजे हुए।

नाक- सर्दी-जुकाम तथा नकसीर।

चेहरा- लाल तथा तमतमाया हुआ, गाल गरम तथा दर्द की अनुभूति।

कंठ- मुख गरम, लाल, डिप्थेरिया की प्रारम्भिक अवस्था।

आमाशय- दूध से अरुचि, उत्तेजक पदार्थों की सेवन करने की इच्छा, खट्टी डकारें।

उदर- पेचिश की प्रारम्भिक अवस्था, जिसमें रक्तस्राव भी होता है।

मूत्र- खाँसते समय पेशाब निकल जाता है।

हृदय- धड़कन तथा नाड़ी तेज।

बाह्यांग- कमर में कड़क, छोटे जोड़ों में आमवात, दर्द छाती तक और कलाई तक फैल जाता है।

नींद- बेचैनी और अनिद्रा।

ज्वर- रोज दोपहर बाद एक बजे शीत का वेग।

मात्रा- तीसरी से बारहवीं शक्ति तक।

56. ब्रायोनिया (Bryonia) बाइल्ड हाप्स

पेशी में दर्द जो हरकत करने से बढ़ता है और आराम करने से घटता है। सुई गड़ने जैसा दर्द होता है। मिजाज चिड़चिड़ा, सिर ऊँचा उठाते चक्कर आना, मुँह और ओठ सूखे, प्यास अधिक, मुँह का स्वाद कड़ुआ, आमवाती दर्द और सूजन, ब्रायोनिया विशेषतः सुगठित और सुदृढ़ शरीर वाले लोगों को रोगग्रस्त करती है, जो श्यामवर्ण वाले, दुबले-पतले और चिड़चिड़े होते हैं, शरीर का दायाँ भाग प्रायः रोगग्रस्त होता है।

मन- अत्यधिक चिड़चिड़ा, बात-बात में बिगड़ जाना।

सिर- सिर उठाने पर चक्कर, सिरदर्द पिछले भाग में आकर टिक जाता है, सिरदर्द का अहसास।

नाक- नकसीर, सर्दी-जुकाम, नाक की नोक में सूजन।

कान- कानों में भिनभिनाहट।

आँखें- मन्द-मन्द दर्द ग्लूकोमा, छूने या हिलाने-डुलाने से दर्द।

मुख- ओठ कटे-फटे तथा एकदम शुष्क, अत्यधिक प्यास, ओठ सूजे।

कंठ- सूखा, निगलने से दर्द, गरम कमरे में आने से कष्ट बढ़ जाता है।

आमाशय- मितली और मूर्च्छा, गर्मी के मौसम में पाचन क्रिया बिगड़ जाती है।

मल- कब्जियत।

मूत्र- गरम, कम मात्रा में कत्थई रंग का।

पीठ- छिले भाग में अकड़न, कमर के नीचे भाग में भी।

बाह्यांग- अकड़े और दर्दपूर्ण, पैरों की सूजन, जोड़ सूजे हुए, बायीं भुजा और टाँग लगातार हिलती रहती है।

चर्म- फीका, सूजा हुआ गरम, केश चिकने।

नींद- नींद आते ही चौंक पड़ता है।

ज्वर- नाड़ी पूर्ण कठोर तीव्रगति वाली, पसीना अत्यधिक मात्रा में, पेट तथा जिगर में खराबी।

मात्रा- पहली से बारहवीं शक्ति तक।

57. बराइटा कार्बोनिका (Baryta Carbonica)

शैशव और वृद्धावस्था में प्रयोग की जाने वाली विशेष औषधि मानी जाती है। मानसिक और शारीरिक रूप से बौने और दुर्बल बच्चों के लिए लाभप्रद। बूढ़े लोगों के रोग हृदय सम्बन्धी हो, वाहिकाओं सम्बन्धी हो या चाहे मस्तिष्क सम्बन्धी हो सभी स्थितियों में यह कारगार औषधि मानी गयी है। रोगी ठण्ड के प्रति अति संवेदनशील होता है। वह ठण्ड नहीं सह सकता है। अत्यन्त दुर्बल और थका हुआ होता है। अपरिचितजनों से मिलना-जुलना पसंद नहीं, हृदय, क्षोभ एवं धड़कन, अपमानजनक परिवर्तनों में बुढ़ापे में लाभप्रद। बैराइटा एक हृदय वाहिका विष (Cardo-vascular poison) है, जो हृदय, रक्तवाहिकाओं पर अपनी विशेष क्रिया करती है।

मन- स्मरणशक्ति का अभाव, मानसिक दुर्बलता, चंचलता, आत्मविश्वास में कमी, बुढ़ापे के कारण होने वाली मानसिक दुर्बलता, अपरिचतों से अरुचि, बच्चों जैसा व्यवहार तथा छोटी बातों पर शोकाकुल हो जाता है।

सिर- चक्कर, मस्तिष्क ढीला, सिर में सुई जैसी चुभन की अनुभूति होती है।

आँखें- प्रकाशभीत्ति मोतियाबिन्द।

कान- ऊँचा सुनायी देना, कान के आसपास की ग्रन्थियाँ सूजी हुई होती है।

नाक- खुश्क जुकाम ऊपर के ओठ और नाक में सूजन।

चेहरा- पीला-फूला, ऊपर वाला ओठ सूजा।

मुख- जागने पर मुख शुष्क रहता है, मसड़ों में रक्तस्राव होता है।

कंठ- सहज में ही सर्दी-जुकाम का हो जाना, निगलने में कष्ट की अनुभूति, ग्रसनी या स्वर यन्त्र में दर्द।

आमाशय- हिचकी, डकारें, आमाशय के अन्दर पत्थर विद्यमान होने जैसी अनुभूति, भूख होने पर भी भोजन से इनकार, भोजन के बाद पेट में दर्द, गरम भोजन करने पर दर्द बढ़ता है।

उदर- कठोर तथा फूला हुआ, शूल प्रकृति की पीड़ा, भोजन निगलने पर पेट दर्द।

मलांत्र- कब्ज, कठोर, गाँठदार पाखाना, बवासीर के मस्से, मलद्वार में रिसाव जैसा होता है।

मूत्र- मूत्र त्याग की इच्छा बनी रहती है। मूत्र पथ में जलन की अनुभूति।

पुरुष- सम्भोग की इच्छा घट जाती है। पुरःस्थ ग्रन्थि बढ़ जाती है, वृषण कठोर हो जाते हैं।

स्त्री- ऋतुस्राव होने पर पेट और कमर में दर्द।

श्वास संस्थान- सूखी खाँसी, खाँसी प्रत्येक मौसम के बदलने पर बढ़ जाता है। छाती में सुई चुभने सा दर्द।

हृदय- धड़कन और बेचैनी के साथ कष्ट, बायीं करवट लेटने पर धड़कन बढ़ जाती है तथा नाड़ी कठोर हो जाती है।

पीठ- गर्दन की ग्रन्थिका फूल जाती है, मेरुदण्ड की दुर्बलता।

बाह्यांग- ग्रन्थियों में दर्द, ठण्डे पैर, पाँव के तलुओं और अँगुलियों में दर्द, चलते समय तलुओं में दर्द, निम्न अंगों के जोड़ों में भी जलन के साथ दर्द होता है।

नींद- बार-बार जागता है, सोते-सोते बोलता है, अत्यधिक गर्मी महसूस करता है।

पूरक- डल्का मारा, सिलीका।

मात्रा- तीसरी से तीसवीं शक्ति तक।

58. बैलाडौना (Belladonna) (Deadly Nightshade)

यह स्नायुजाल के हर भाग पर अपनी क्रिया करती है। त्वचा और ग्रन्थियों पर इस औषधि का विशेष प्रभाव पड़ता है। बेलडोना वहाँ ज्यादा प्रभावी औषधि है जहाँ गरम लाल त्वचा, चमकदार आँखें, गर्दन की नाड़ियों में टीस, उत्तेजित मनोभाव प्रलाप, व्याकुल नींद, मुँह और गले की खुश्की, सहसा आने और चले जाने की आदत, गर्मी, लाली, जलन जैसे लक्षण मौजूद रहते हैं। मिर्गी के दौरे तथा हवाई यात्रा में प्रभावशाली औषधि मानी गयी है।

मन- रोगी तरह-तरह की कल्पित निराधार चीजें देखता है और अपने ही संसार में विचरता रहता है। भूत-प्रेत और भयानक चेहरे कल्पित आकृतियाँ देखता है, बोलना नहीं चाहता है। समस्त ज्ञानेन्द्रियों की चेतना शक्ति बढ़ जाती है। परिवर्तनशीलता का भाव रहता है।

सिर- चक्कर आने के कारण बायीं ओर या पीछे गिरने की आदत, पूर्णता की अनुभूति तथा दर्द विशेषरूप से माथे पर, सिर तकिये के अन्दर गड़ाता है। सिरदर्द दायीं और अधिक रहता है। रोगी कभी-कभी अचानक चीखें भी मारने लगता है।

चेहरा- लाल, नीला गरम, सूजा हुआ, चमकदार ऊपर के ओठ प्रायः सूजे, तमतमाया चेहरा प्रतीत होता है।

आँखें- तेज पटल फैले हुए, आँखें सूजी हुई, द्विगुण दृष्टि (Diplopia)।

कान- मध्य भाग में दर्द, श्रवणशक्ति बढ़ जाती है, अपनी आवाज स्वयं अपने कानों में गूँजती रहती है।

नाक- गन्ध वाली, नाक लाल सूजी हुई, चेहरा लाल।

मुख- खुश्क जीभ के किनारे लाल, दाँत पीसने की आदत।

कंठ- सूखा, निगलना कठिन, गले में ऐंठन।

आमाशय- भूख का अभाव, दूध और मांस से अरुचि, तरल पदार्थों से घृणा, पानी से परहेज।

उदर- फूला हुआ गरम, उदर में बायीं ओर सुई गड़ने जैसा दर्द मालूम होता है।

मल- पतला, हरा, मलत्याग के दौरान सर्दी का जैसा अहसास।

मूत्र- मूत्र रोध, पेशाब कम मात्रा में।

श्वास- स्वर यन्त्र और स्वास नली में खुश्की, खाँसी के साथ बायें कूल्हे में दर्द।

हृदय- प्रचण्ड धड़कन, नाड़ी की चाल तेज किन्तु दुर्बल लगता है कि हृदय बहुत बढ़ गया है।

बाह्यांग- जोड़ सूजे, लाल, लड़खड़ाती चाल, हाथ-पैर ठण्डे।

कमर- गर्दन अकड़ी हुई, गर्दन की ग्रन्थियाँ सूजी हुई गर्दन के जोड़ में दर्द।

चर्म- सूखा और गरम, त्वचा का रंग क्रमशः लाल-पीला होता रहता है।

ज्वर- तेज स्वर, सिर के सिवाय सारे शरीर में पसीना।

नींद- बेचैन, दाँत पीसता है, सोते-सोते चीख मारता है, हाथों को सिर के नीचे रखकर सोता है।

मात्रा- पहली से तीसवीं शक्ति तथा उच्च शक्तियाँ।

59. बोरेक्स (Borax) सुहागा

मिर्गी के लिए विशेष उपयोगी औषधि, मूत्राशय की ऐंठन, रक्तमेह, बाल रोगों की चिकित्सा में लाभकारी होती है।

मन- भारी अधीरता, दिशा नीचे की ओर, अत्यधिक घबड़ाहट आसानी से डरने वाला, बादल की गरज सुनकर भी डरने लगता है।

सिर- सिरदर्द के साथ मितली, सारे शरीर में कम्पन्न।

आँखें- पलकें प्रदाहित, चमचमाती लहरें चलती दिखायी देती है।

कान- जरा-सी भी आवाज सहन नहीं होती।

नाक- नाक लाल चमकदार टपकन और तनाव की अनुभूति, सूखी पपड़ियाँ।

चेहरा- पीला मटियाला, सूजा हुआ ओंठो पर फुन्सियाँ।

मुख- छाले, मुँह गरम, मसूड़ों में दर्द, स्वाद कड़वा।

आमाशय- भोजन के बाद पेट फूल जाता है, पेट दर्द तथा वमन की शिकायत रहती है।

मल- दुर्गन्धित पतला, अतिसार पेट में मरोड़, मुँह में छाले।

मूत्र- गरम।

श्वास संस्थान- प्रचण्ड खाँसी, बलगम गन्दी बदबू वाला बलगम, श्वास लेने पर छाती में चुभन, सीढ़ियाँ चढ़ने में दम का फूलना।

बाह्यांग- तलुवे में सुई गड़ने जैसा दर्द, पैर के अँगूठे में जलन के साथ दर्द।

नींद- गर्मी सोते समय चीख मारता है।

चर्म- गन्दी त्वचा।

मात्रा- पहली से तीसरी शक्ति का विचूर्ण।

60. ब्रोमियम (Bromium)

इस औषधि के लक्षण श्वास-संस्थान, स्वर यन्त्र और श्वांस नली में पाये जाते हैं। उन बच्चों की, जिनकी ग्रन्थियाँ बढ़ जाती है। दम घुटने की अनुभूति, तीखा स्वाभाव, अत्यधिक पसीना, भारी दुर्बलता का अनुभव।

मन- प्रलाप, अशान्त मन, भ्रम कि कोई अपरिचित व्यक्ति उसको झाँक रहा है, झगड़ालू प्रवृत्ति।

सिर- बायें सिर की अर्धकपाली, सिरदर्द जो धूप लगने से तेज, नदी या नाला पार करते समय सिर चकराने लगता है।

नाक- जुकाम, प्रायः दायाँ नथुना बन्द हो जाता है। नाक की जड़ पर दबाव महसूस होता है।

कंठ- शाम को कंठ कर्कश हो जाता है। श्वास लेते समय स्वास नली में गुदगुदी।

आमाशय और उदर- जीभ से लेकर पेट तक तीव्र जलन, पेट का दबाव, जठर शूल काले रंग का पाखाना।

श्वास संस्थान- काली खाँसी, दम घोंट देने वाली खाँसी का प्रकोप, छाती में ऐंठन, फेफड़े के अन्दर स्वास लेने में कठिनाई।

नींद- स्वप्न और परेशानियों से परिपूर्ण, रात को नींद मुश्किल से आ पाती है, जागने पर कम्पन होता है।

चर्म- मुहाँसे और फुन्सियाँ ग्रन्थियाँ पत्थर जैसी कठोर हो जाती है। विशेषत: गले और निचले जबड़े की, चेहरे पर फोड़े, ब्रोमियम में दूध का सेवन बन्द कर देना चाहिए।

मात्रा- पहली से तीसवीं शक्ति की, दवा ताजा बनानी चाहिए क्योंकि यह बहुत शीघ्र खराब हो जाती है।

61. मैग्नेशिया म्यूरिएटिका (Magnesia Muriatica)

मैगनेशिया की औषधि श्रेणी में पाँच औषधियाँ प्रमुख मानी जाती है जिनके नाम हैं- (1) मैग्नीशिया कार्बोनिका (2) मैग्नीशिया फॉस्फोरिका (3) मैग्नीशिया सल्फूरिया (4) मैग्नीशिया ग्रण्डिफ्लोरा और (5) मैग्नेशिया म्यूरिएटिका जिसका वर्णन निम्न है- यह एक प्रसिद्ध यकृतौषधि है, कब्जियत इसका प्रमुख लक्षण माना जाता है।

सिर- सिरदर्द में तीव्रता, सिर को लपेट कर गरम रखने से आराम होता है। सिर में अधिक पसीना, दबाव तथा सिंकाई से आराम मिलता है।

नाक- जुकाम और सर्दी, नाक बन्द और बहती हुई गन्ध और श्वास का लोप, मुँह से श्वास लेने में कभी-कभी बाधा।

मुख- मसूड़े सूजे हुए, गला सूखा, जीभ जली और झुलसी मालूम देती है।

आमाशय- भूख कम, सड़े अण्डों जैसी डकारें, दूध हजम नहीं कर सकता है।

उदर- यकृत में दर्द, दायीं करवट लेने से दर्द अधिक होता है। उदर फूला हुआ, यकृत बढ़ा हुआ, पीली जीभ।

मुत्र- मुत्र त्याग कठिन।

आँतें- पाखाना अत्यल्प परिमाण में होता है, पाखाना गाँठदार।

हृदय- हृत्पिण्ड में दर्द, हिलते-डुलते रहने पर आराम, यकृत वृद्धि।

श्वास संस्थान- सूखी खाँसी, रात के पहले भाग में वृद्धि।

बाह्यांग- बाँह, पैरों, पीठ और नितम्बों में दर्द।

नींद- दिन में भी नींद का आना, ताप और दर्द के कारण रात में ठीक से नींद नहीं आ पाती है।

मात्रा- मूलार्क की 5 बूँदें, इसे 200 शक्ति तक देना चाहिए।

62. मर्क्यूरियस (Mercurius) क्विक्क सिल्वर

यह औषधि अगर सुस्पष्ट निर्देशक लक्षणों के आधार पर प्रयोग में लायी जाये तो यह एक सशक्त जीवनरक्षक सिद्ध हो सकती है।

मन- स्मरणशक्ति दुर्बल, इच्छा शक्ति का अभाव, जीवन से ऊबा हुआ, अविश्वासी प्रकृति वाला।

सिर- पीठ के बल लेटने पर चक्कर, सिर पर तीव्र वेदना, बाल झड़ना, सिर तना हुआ।

आँखें- पलकें लाल, मोटी सूजी हुई।

कान- गन्दा स्राव।

नाक- बहुत छींकें, नाक की हड्डियाँ सूजी हुई, सर्दी-जुकाम।

चेहरा- पीला, गन्दा मटमैला, चेहरे पर फुन्सियाँ।

मुख- मीठा स्वाद, मुँह से बदबूदार गन्ध, तेज प्यास, जीभ भारी मोटी।

कंठ- नीली-लाल सूजन, कान में सुई चुभने-सा दर्द।

आमाशय- डकारें, ठण्डे पेय पदार्थों की हिचकी।

उदर- छूरा भोंक दिये जाने जैसा भीषण दर्द।

मल- हरा रक्त मिश्रित, रात को अधिक।

मूत्र- बार-बार पेशाब की इच्छा।

श्वास प्रश्वास- बलगम खाँसी के दौरे, जुकाम के साथ जाड़ा।

पीठ- कमर के निचले भाग में दर्द।

बाह्यांग- अंगों की दुर्बलता।

ज्वर- ज्वर और कँपकँपी पीला पसीना

मात्रा- दूसरी शक्ति से तीसरी शक्ति तक।

63. यूफ्रेशिया (Euphrasia) आइब्राइट

आँख, नाक की श्लैष्मिक झिल्लियों, अश्रुपात एवं नजला आदि बीमारियों के लिए प्रमुख औषधि है। खंखारने से बहुत ही दुर्गन्ध भरा बलगम आता है।

सिर- सिरदर्द के साथ आँखों में चकाचौंध, आँखों और नाक से बहुत अधिक स्राव।

नाक- बड़ी मात्रा में बहता हुआ नजला, तेज खाँसी और बलगम।

आँखें- आँख में हर समय पानी बहता रहता है। तीखा अश्रुप्रवाह, पलकों में जलन और सूजन, कनीनिका पर चिपचिपा श्लेष्मा तथा छोटे-छोटे छाले, पलकों का नीचे लटक जाना।

चेहरा- गालों में गर्मी तथा लाली, ऊपर ओंठ में अकड़न।

आमाशय- खंखारने पर श्लैष्मिक वमन।

मलांत्र- पेचिश की शिकायत, कब्जियत।

स्त्री- दर्दनाक ऋतुस्राव जो केवल एक घंटे तथा एक दिन तक ही गतिशील।

पुरुष- जननांगों में खिंचाव तथा दबाव।

नींद- दिन में उनींदापन तथा जम्हाइयाँ।

ज्वर- कँपकँपी और ठण्ड।

चर्म- नेत्र सम्बन्धी लक्षणों की प्रमुखता।

मात्रा- तीसरी से छठी शक्ति तक।

64. रस टॉक्सिको ड्रेन्डेन (Rhus Toxicodendrain) सिरोचा विष

चर्म रोगों, आंत्रिक ज्वर, आमवाती वेदनाओं आदि रोगों में औषधि का प्रयोग होता है। रस का रोगी सदैव गति करने से आराम महसूस करता है। ठण्डे मौसम में उत्पन्न होने वाले आमवात की उपयोगी औषधि होती है।

मन- दुःखी, आत्महत्या के बारे में सोचता है। निरन्तर बदलते रहने का स्वभाव, रात में अधिक आशंकाओं से घिरा, बिस्तर पर लेटना कठिन हो जाता है।

सिर- सूजी हुई लाल आँखें, मवाद का प्रचुर स्राव, आँखें घुमाने या दबाव पर दर्द, पलकों के खोलने पर गर्म अश्रुपात।

कान- कानों में दर्द, कान के किनारे सूजे हुए।

नाक- छींकें, भीगने के कारण जुकाम, झुकने पर नाक में रक्त स्राव।

चेहरा- सूजा हुआ चेहरा, चबाते समय जबड़ों में कड़कड़ाहट।

मुख- दाँत लम्बे और ढीले, जीभ लाल।

कंठ- निगलते समय चुभने जैसा दर्द।

आमाशय- भूख नहीं लगती, अधिक प्यास, कड़ुवा स्वाद, भोजन के बाद पेट का फूल जाना।

उदर- भयंकर दर्द, पेट के बल लेटने से आराम।

मलांत्र- पेचिश, गन्ध से भरा पाखाना।

मूत्र- काला और गंदला, अल्प मात्रा में भूख।

हृदय- नाड़ी तेज, दुर्बल, अनियमित।

चर्म- लाल सूजा हुआ।

बाह्यांग- सन्धियों में सूजन, आमवाती दर्द, ठण्डी ताजी हवा सहन नहीं होती है। जाँघों में वेदना पैरों में सुरसुरी और हाथ की अँगुलियों में अशक्तता, गति करने से आराम मिलता है।

नींद- गहरी नींद पर आधी रात से पहले नींद नहीं आती है।

मात्रा- छठी से तीसवीं शक्ति तक।

65. रूटा (Ruta Gravaeolens)

शरीर के प्रत्येक अंग में दर्द वाले मोच, दुर्बलता, निराशा की अनुभूति।

सिर- दर्द, नकसीर मादक पदार्थों के लेने के बाद की पीड़ा।

आँखें- सिरदर्द, आँखें लाल, पढ़ते समय थकान जैसा दर्द, भौंहों के ऊपर दबाव, दुर्बल दृष्टि।

आमाशय- जठर शूल।

मूत्र- मूत्रत्याग की निरन्तर इच्छा, मूत्राशय भरा हुआ प्रतीत होता है।

मलांत्र- मल के बाद रक्तस्राव तथा दर्द, मलत्याग की निष्फल इच्छा।

श्वास संस्थान- खाँसी के साथ बलगम, छाती दुर्बल प्रतीत होती है।

पीठ- पीठ और कूल्हों में दर्द, कमर दर्द जो सुबह उठने से पहले अधिक होती है।

बाह्यांग- कमर और कूल्हों में दर्द, पैर फैलाते समय जाँघों में दर्द।

मात्रा- पहली से छठी शक्ति तक।

66. लाइकोपोडियम (Lycopodium) क्लब मॉस (Club Moss)

मूत्र, पाचन सम्बन्धी, पथरी के निकालने के लिए प्रभावी औषधि,उन रोगों में विशेष लाभकारी जो धीरे-धीरे उत्पन्न होती है। पाचनतन्त्र की शक्ति नष्ट तथा शरीर की प्रायः सभी शक्तियाँ निर्बल और अशक्त, वृद्धजनों के लिए उपयोगी जिनमें अम्ल की अधिकता। दुर्बल, बच्चों के लिए भी उपयोगी होती है। वृक्क रोगों में सहायक, तीक्ष्णबुद्धि वाले लोगों पर विशेष रूप से क्रियाशील जिन्हें

समय से पूर्व बुढ़ापा आने लगता है, उनके लिए तो वरदान स्वरूप होती है। लाइकोपोडियम रोगी दुबला-पतला, शुष्क, कृशकाय रहता है। उसका रक्त संचार दुर्बल होता है तथा वह शोरगुल और गन्ध के प्रति असहिष्णु होता है।

मन- जरा-जरा सी बातों पर चिढ़ने वाला, अकेले रहने से डरने वाला, जिद्दी, आत्मविश्वास की कमी, शंकालु, दुर्बल स्मरणशक्ति, मस्तिष्क ह्रास।

सिर- आकरण सिर का झटकना और मुँह का विकृत करना। खाँसी, सिरदर्द, आँखों के ऊपर दर्द, कनपटियों में दर्द होता है। सुबह उठने पर चक्कर आते हैं। बुरी तरह बालों का झड़ना तथा बालों का सफेद होना।

आँखें- नींद में आँखें अधखुली, रतौन्धी तथा दिनान्धता।

कान- पीला दुर्गन्धित स्राव, कान के आसपास छाजन, कम सुनायी देना।

नाक- घ्राण शक्ति अतिप्रखर, नथुने व्रणग्रस्त, बहता हुआ नजला, नाक बन्द।

चेहरा- भूरा पीला, सिकुड़ा तथा ताम्र वर्ण।

मुख- दन्त शूल तथा गालों पर सूजन, मुख और जीभ की रूक्षता, जीभ सूखी, जीभ पर छाले, मुँह में पानी भर जाता है और मुँह से बदबू आती है।

कंठ- प्यासहीन रूक्षता, गरम पदार्थों से आराम, भोजन और पेय नाक के रास्ते बाहर निकल पड़ते हैं। ठण्डे पेय पदार्थों से वृद्धि।

आमाशय- अत्यधिक भूख, रोटी से अरुचि मीठा चीज खाने की इच्छा, खट्टी डकारें, पाचन क्रिया अधिक दुर्बल, पेट अत्यधिक फूला हुआ, खाना खाने के बाद आमाशय में दबाव। अत्यल्प भोजन से ही पेट भर जाने की अनुभूति, गरम भोजन और गरम पेय पसन्द।

उदर- थोड़ा सा भी भोजन करते ही पेट फूल जाता है, हर्निया, यकृत की रुक्षता, पेट पर कत्थई धब्बे।

मल- अतिसार मल कठोर, छोटा और अपूर्ण।

मूत्र- मूत्र त्याग से पहले पीठ में दर्द, मूत्रत्याग करने के बाद गायब हो जाता है। पेशाब देर से बाहर आता है।

पुरुष- समय से पूर्व वीर्यपात, नपुंसकता के लक्षण।

स्त्री- ऋतुस्राव नियत समय के बहुत बाद, योनिपथ में जलन।

श्वास संस्थान- खाँसी, श्वास कष्ट, खोखली खाँसी, बलगम गाढ़ा।

हृदय- महाधमनी के रोग, रात में धड़कन बढ़ी हुई, बायीं करवट लेटने में कष्ट।

पीठ- कमर के निचले भाग में दर्द।

बाह्यांग- सुन्नपन, अंगों में खिंचाव, बाहों में भारीपन।

नींद- दिन में तन्द्रालु, नींद में चौकन्ना।

चर्म- शीत पित्त, मुहाँसें।

मात्रा- निम्नतर और उच्चतम दोनों प्रकार की शक्तियाँ, अच्छा परिणाम देने वाली होती है।

67. लैकेसिस (Lachesis)

जब शरीर पूर्णतया विषाक्रान्त हो तथा विषरक्तक अवस्थाओं से घिरा हो तब यह दवा विशेष प्रभावी होता है। रजोनिवृत्ति के दौरान तथा विषादग्रस्त रोगियों, कम्पन्न और भ्रान्तिजन्य लक्षणों के निराकरण में विशेष सहायक होता है।

मन- अधिक वाचाल, बेचैन और अशान्त, कोई कार्य करने की इच्छा नहीं होती है, ईर्ष्यालु, आरामतलब धार्मिक पागलपन, समय ज्ञान की गड़बड़ी।

सिर- जागने पर सिर के आर-पार दर्द, नासिका मूल में दर्द, अत्यधिक पीला चेहरा, मन्द दृष्टि, सूर्य की रोशनी असहाय एवं पीड़ाजनक।

आँखें- दोषपूर्ण दृष्टि, बाहरी पेशियाँ दुर्बल।

कान- कान के अन्दर दर्द कंठदाह तथा कर्णमल कठोर और शुष्क।

नाक- रक्तस्रावी, नजला में पहले सिरदर्द, छींकों की बहुलता।

चेहरा- पीला, फूला हुआ।

मुख- जीभ सूखी, मुँह सूखा, छाले और धब्बे।

कंठ- दर्द वाला, दायीं ओर निगलने में कष्ट।

आमाशय- भूखा, भोजन की प्रतीक्षा असहाय, दबाव, कम्पन, निगलने में कष्ट की अनुभूति।

उदर- उदर फूला हुआ।

मल- कब्जियत, लगातार हाजत का बना रहना।

श्वास संस्थान- लेटने पर श्वास घुटने सी अनुभूति।

हृदय- धड़कन, अधीरता, अनियमित धड़कन।

पीठ- गर्दन में दर्द।

बाह्यांग- दायीं ओर लेटने से सुख की अनुभूति होती है।

नींद- निद्रालु पर सोते हुए अचानक चौंक पड़ता है।

ज्वर- पीठ में ठण्ड।

चर्म- गरम पसीना, गिल्टियाँ।

मात्रा- आठवीं से 200वीं शक्ति तक। मात्राओं को बार-बार न दोहरायें।

68. सल्फर (Sulphur)

एक विशेष प्रभावकारी होमियोपैथी औषधि। इसका प्रभाव भीतर से बाहर की ओर। ऐसे रोगियों के लिए खड़े रहना असुविधाजनक होता है। स्नान की अनिच्छा तथा सभी शारीरिक स्रावों, क्षरणों की दुर्गन्धियुक्त प्रकृति, लाल और चेहरा रक्तिम।

मन- अत्यन्त भुलक्कड़, भ्रान्त धारणाएँ, हर समय व्यस्त, बच्चों की तरह अंसतुष्ट, अत्यन्त स्वार्थी दूसरों को सम्मान नहीं देता, अच्छी भूख के बाद भी सल्फर के रोगी प्रायः दुबले-पतले, निराश और चिड़चिड़े होते हैं।

सिर- निरन्तर गर्मी और भारीपन, सिरदर्द जो झुकने पर अधिक हो जाता है, खोपड़ी शुष्क, केशों का झड़ना।

आँखें- किनारे ज्वलनशील, आँखों में गर्मी तथा आँखों के सामने काली बिन्दियाँ दिखायी पड़ती है।

कान- कानों के अन्दर साँय-साँय की आवाज सुनायी पड़ना।

नाक- अन्दर से नाक बन्द।

भूख- ओंठ सूखे, ज्वलनशील कड़ुआ स्वाद, जीभ सफेद, मसूड़े फूले हुए।

कंठ- दबाव का अहसास, जलन, लालिमा, खुश्की।

आमाशय- अत्यधिक भूख का लगना या पूर्ण क्षुधालोप, पीता बहुत खाता कम, दूध सहन नहीं, खट्टी डकारें, कुछ खाते रहने की आदत।

उदर- दबाव के प्रति अधिक संवेदनशील, यकृत के ऊपर दर्द।

मलांत्र- मलद्वार पर जलन और खुजली।

मूत्र- बार-बार मूत्र स्राव, विशेषकर रात को।

श्वास संस्थान- छाती पर दबाव और जलन की अनुभूति, खाँसी श्वास कष्ट।

पीठ- कन्धों के बीच खिंचावदार दर्द।

बाह्यांग- हाथों में कम्पन, काखों में पसीना, बाहों और हाथों में वेदना, घुटना तथा टखनों में अकड़न, कन्धे झुके हुए।

नींद- नींद बार-बार टूट जाती है। 2 से 5 बजे नींद नहीं आती है।

ज्वर- सारे शरीर के अन्दर और बाहर ताप की अनुभूति, सूखी त्वचा और अधिक प्यास।

चर्म- सूखा, खुजली, जलन, खुजलाने और धोने से वृद्धि।

मात्रा- निम्नतम शक्तियों से उच्चतम, सभी काम करती है।

69. सिना (Cina)

यह बच्चों के लिए बहुत ही उपयोगी औषधि है। उनमें कृमि, चिड़चिड़ापन, भूख की कमी, दाँत पीसना, चीखना चिल्लाना, हाथ पैरों में झटके लगना आदि समस्याएँ इस औषधि से दूर करने में सहयोगी होती है।

मन- हमेशा बदमिजाज, जिद्दी, अनेक चीजों की माँग करने वाला होता है वह नहीं पसन्द करता कि कोई उसे स्पर्श करे या गोद उठाये।

सिर- सिरदर्द और पेट दर्द, लिखने-पढ़ने में सिरदर्द की शिकायत।

आँखें- हर चीज पीली दिखायी देती है, उदर क्षोम, मन्द दृष्टि, देखने में थकान, टीस आदि होते हैं।

कान- हर समय नाक में खुजली होती रहती है। नाक रगड़ता है या बार-बार हाथ से नोचता है।

चेहरा- गालों में लाली, चेहरा पीला चेहरे पर पसीना, नींद में दाँत पीसता है। आखों के चारों ओर काले छल्ले।

आमाशय- खाना खाने के बाद तुरन्त भूख लगती है।

पेट- नाभि के आसपास मरोड़, फूला हुआ तथा कठोर पेट।

मल- सफेद रंग का, कृमि, मलद्वार में खुजली।

मूत्र- गंदला, और सफेद।

श्वास संस्थान- खाँसी अथवा काली खाँसी।

बाह्यांग- कम्पन्न, स्फुरण, एकाएक बिस्तर से उछल पड़ना, इधर-उधर बाहें पटकना, बायाँ पैर हर समय हिलते रहना।

नींद- बच्चे सोते-सोते घुटनों के बल बैठ जाता है। रात में सोते-सोते चौंक पड़ता है तथा चीख मारता है। दाँत पीसता है और अपने आप बोलता रहता है।

ज्वर- हल्की-हल्की गर्मी, हाथ गरम।

मात्रा- तीसरी शक्ति। चिड़चिड़े स्वभाव के बच्चों को तीसवीं से 200 शक्ति।

70. सिनकोना आफिसिनैलिस (Cinchona Officinalis) कुनीन वृक्ष की छाल

शरीर को क्षीण बनाने वाले स्रावों, तथा दुर्बलता में यह औषधि विशेष रूप से उपयोगी है। ठण्डी हवा का झोंका सहन नहीं होता है। पुराना गठिया, गुर्दे के प्रदाह आदि में इसका सफलतापूर्वक प्रयोग किया जाता है।

मन- उदासीन आज्ञा न मानने वाला, खिन्न तथा बदमिजाज, सहसा चीख मारना।

सिर- जैसे दिमाग इधर-उधर लुढ़क रहा हो और खोपड़ी टकरा रहा हो। सिर और गर्दन की नाड़ियों में फड़कन, गरम कमरे में आराम, सिर में मन्द-मन्द दर्द, चलते समय चक्कर आना।

आँखें- आँखों के इर्दगिर्द नीलापन, गरम अश्रुपात।

कान- आवाज सहन नहीं होती, कान लाल और सूजे हुए होते हैं।

नाक- जुकाम, नकसीर, सूखी छींकें, नाक के पास पसीना।

चेहरा- चेहरा फूला लाल।

मुख- दाँत दर्द, कड़ुआ स्वाद भोजन का स्वाद नमकीन लगता है।

आमाशय- ठण्डा, मन्द पाचन, वमन, भूख लगती है लेकिन खाना नहीं खाया जाता है, हिचकी आती है।

उदर- पेट के निचले भाग में दायीं ओर दर्द, पित्त पथरी का दर्द, यकृत प्लीहा सूजे हुए।

मल- वेदनाहीन तथा पीला, पेट में अधिक हवा भर जाती है। पतला मल भी कठिनाई से उतरता है।

पुरुष- कामवासना अधिक बढ़ जाती है, बार-बार स्वप्नदोष।

स्त्री- ऋतुस्राव समय से पहले, कामवासना में वृद्धि।

श्वास संस्थान- सिर नीचा करके श्वास नहीं ले सकता श्वास कष्ट, बायें फेफड़े में तेज दर्द।

हृदय- दुर्बल तेज धड़कने, रक्ताल्पता।

पीठ- गुर्दे में दर्द कमर के इर्द-गिर्द भी दर्द की अनुभूति होती है।

बाह्यांग- अंगों और जोड़ों में दर्द, अत्यधिक दुर्बलता, स्पर्श किया जाना सहन नहीं।

चर्म- एक हाथ बर्फ सा ठण्डा दूसरा गरम।

नींद- जल्दी नींद खुल जाती है, अधिक देर तक सोता है, खर्राटे लेने की आदत।

ज्वर- ज्वर हर सप्ताह लौट आता है। ज्वर प्रायः दोपहर से पहले आता है, रात में पसीना, कनपटियों में दर्द।

मात्रा- मूलार्क से तीसरी शक्ति तक।

71. सिनेरिया (Cineraria) डस्टी मिल्लर

मोतियाबिन्द के उपचारार्थ एक ख्याति प्राप्त औषधि। 1-1 बूँद दिन में 4-5 बार आँख में टपकाई जाती है। इसका प्रयोग कई माह तक जारी रखें। चोट लगने की अवस्था में भी लाभदायी होता है।

72. साइलीसिया (Silicia) शुद्ध चकमक पत्थर

सिलीका का रोगी ठण्डा और शीत कातर होता है, वह अँगीठी सेंकता रहता है। वहाँ के झोकों को पसन्द नहीं करता। उसके हाथ पैर ठण्डे रहते हैं। सर्दियों में उसके कष्ट बढ़ते हैं। ठण्ड लग जाने का अधिक भय तथा शारीरिक एवं मानसिक शान्ति का अभाव होता है। इस प्रकार के रोगों में अन्य रोगों जैसे सिरदर्द, मिर्गी, रोग शुरू होने के पूर्व ठण्डक की अनुभूति, गंडमाला ग्रस्त बच्चे, पेट फूला, चाल धीमी, भगंदर अस्थियों के रोग तथा स्नायविक दुर्बलता की दशायें।

मन- हृदय दुर्बल, अधीर, उत्तेजनाशील, हठी और ढीठ बच्चे, विक्षिप्त मन, भयभीत मन।

सिर- भूखा रहने से दुखता है, बायीं करवट लेने तथा कपड़े लपेटे रहने से आराम, सिर में अधिक पसीना, दुर्गन्धयुक्त, सिरदर्द दोनों भौंहें के बीच सूजन।

आँखें- अश्रु नली में सूजन, दिन की रोशनी अरुचिकर, पढ़ते समय अक्षर साथ-साथ चलते हैं, दृष्टि विभ्रान्त की दशा।

कान- दुर्गन्धित स्राव, गर्जन ध्वनियाँ, कोलाहल अप्रिय।

नाक- सूखी, कठोर पपड़िया जमती हैं, सबेरे छींक, नाक बन्द।

चेहरा- लाल शीतल होंठों के किनारे की चमड़ी फटी हुई। तीव्र वेदना युक्त।

मुख- मसूड़े ठण्डी हवा के प्रति संवेदनशील मसूड़ों पर फोड़े, जीभ के ऊपर बाल जैसी होने की अनुभूति।

कंठ- तालुमूल ग्रन्थि में पिन जैसी चुभने जैसी अनुभूति, गले में सर्दी, कान सूजे हुए।

आमाशय- गरम भोजन के प्रति अनिच्छा, भूख का अभाव, अत्यधिक प्यास।

उदर- उदर में वेदना, कब्जियत, पीले हाथ और नीले नाखून।

मलांत्र- मल कठिनाई से निकलता है और फिर पुनः अन्दर चला जाता है, बहुत जोर लगाना पड़ता है। कब्जियत बनी रहती है।

मूत्र- रक्तिम, कृमि ग्रस्त बच्चों में रात्रि में शैय्या पर पेशाब करना।

पुरुष- जननेन्द्रियों में जलन।

स्त्री- तीखा प्रदर स्राव, योनिपथ में खुजली, स्तनों में कठोर गाठें।

श्वास संस्थान- सर्दी-जुकाम बना रहता है जल्दी ठीक नहीं होता, खाँसी के साथ बलगम, छाती एवं पीठ में वेदना।

पीठ- दुर्बल मेरुदण्ड, रीढ़ की हड्डी के रोग, मेरुदण्ड का क्षय रोग।

निद्रा- नींद में उठ खड़ा होना, नींद में बार-बार चौंक पड़ना।

चर्म- अंगुल बैठे, अँगुलियों की नोंक में दरारें तथा सूजी हुई।

ज्वर- शीतानुभूति, रात का पसीना, ठण्डी हवा के प्रति अत्यधिक असहिष्णुता सारे शरीर में कुछ रेंगने जैसी अनुभूति होती है।

मात्रा- छठी से तीसवीं शक्ति तक। 200वीं शक्ति और उच्चतर शक्तियाँ भी प्रभावी होती है।

73. सीपिया (Sepia)

दुर्बलता, पीताभवर्ण, निम्नामिमुखी महिलायें पीठ तक दर्द, गर्भपात की प्रबलता, दुर्बलता पसीना, श्याम वर्ण की स्त्रियों में सीपिया की अच्छी क्रिया होती है। क्षयरोग से पीड़ित स्त्री, यकृत के पुराने रोग, गरम कपड़े में भी ठण्डक महसूस करना, स्पन्दनशील सिरदर्द।

मन- कामकाज और परिवारजनों से अरुचि, चिड़चिड़ी, अकेलेपन से डर अत्यन्त दुःखी, रोग का वर्णन करते समय रो पड़ना।

सिर- अधिकतर बायीं ओर या माथे पर भीषण दर्द, कपालशीर्ष की ठण्डक, वमन, केशों का झड़ना, ऋतुस्राव में अधिक दर्द व पीड़ा।

नाक- गाढ़ा हरा स्राव, नथुनों में पपड़िया।

आँखें- दुर्बल दृष्टि, पलकें लटक जाती हैं।

कान- दर्द और सूजन।

चेहरा- पीले धब्बे, फीका।

मुख- जीभ सफेद, गन्दी, नमकीन स्वाद, होंठ की सूजन।

आमाशय- शून्यता की अनुभूति, खाने के बाद वमन की प्रवृत्ति, पेट में जलन, खट्टी डकारें।

मलांत्र- मलत्याग के दौरान रक्तस्राव, कठोर मल, मलांत्र तथा योनिपथ में ऊपर की ओर दौड़ती वेदनायें।

मूत्र- लाल, अनैच्छिक मूत्रस्राव।

पुरुष- जननांग ठण्डे, पुराना सुजाक, दुर्गन्धित पसीना।

स्त्री- अतिविलम्बित और अल्प ऋतुस्राव, प्रातःकालीन मितली और वमन।

श्वास संस्थान- सूखी खाँसी, श्वास कष्ट, नमकीन स्वाद, सबेरे खाँसी में प्रचुर बलगम।

हृदय- भयानक स्पन्दन तमतमाहट तथा कम्पन्न होता है।

पीठ- कटि प्रदेश में दुर्बलता तथा वेदना।

बाह्यांग- निम्नांग कठोर तथा तनावग्रस्त, भारीपन की अनुभूति, टाँगों में ठण्डक।

ज्वर- बार-बार गर्मी की अनुभूति, पसीना पैर ठण्डे गीले कँपकँपी, प्यास।

चर्म- चक्राकार दाद, खुजली, दुर्गन्धित पसीना, पैरों पर अधिक, असहाय दुर्गन्ध।

मात्रा- बारहवीं, 30वीं तथा 200वीं शक्ति। अधिक शक्तियों का प्रयोग न करें तथा बार-बार दोहरायें भी नहीं।

74. सैवल सेर्रूलैटा (Sab- Serrulata)

जननांग-मूत्र की उत्तेजना को नष्ट करने वाली औषधि, यौन दुर्बलता में प्रभावी, मूत्र सम्बन्धी विकारों की रामबाण औषधि, आलस्य, निर्लिप्तता का भाव अधिक।

सिर- विभ्रान्त, अधिक क्रुद्ध स्वभाव, सिरदर्द, घुमनी, दर्द नाक से ऊपर की ओर।

आमाशय- डकारें और अम्लता, दूध पसन्द।

मूत्र- रात्रि को मूत्र त्याग की निरन्तर इच्छा कष्टदायक मूत्रस्राव प्रदाह से युक्त।

पुरुष- पुरःस्थ ग्रन्थि सम्बन्धी रोग, वृषणों का क्षय, रतिशक्ति का लोप, वीर्यस्खलन समय कष्ट, जनन यन्त्र ठण्डे।

स्त्री- स्तन सिकुड़े, विकृत कामेच्छायें।

श्वास संस्थान- प्रचुर बलगम के साथ नाक की सर्दी।

मात्रा- मूलार्क, दस से तीस बूँदें।

75. सेरिइनम (Psorinum)

यह एक शीतप्रधान औषधि है। ठण्ड के प्रति अत्यधिक असहिष्णुता, ग्रीष्म में भी गरम कपड़े पहनना चाहता है। सिर को गरम रखना चाहता है। दुर्बलता, स्रावों से भारी दुर्गन्ध, हृदय की दुर्बलता उपदंश, गंडमाला ग्रस्त रोगी।

मन- निराशा गहन और स्थायी विषाद आरोग्य होने की आशा नहीं रहती, धर्मान्ध तथा आत्महत्या करने की प्रवृत्ति।

सिर- दर्द अधिक वेग से, हथौड़ा पड़ने जैसा दर्द, शुष्क केश, मस्तिष्क बड़ा प्रतीत होता है।

आँखें- परस्पर चिपकी हुई, पलकों के किनारों में प्रदाह।

मुख- जीभ और मसूड़े व्रण ग्रस्त, दुर्गन्धित स्वाद वाला।

नाक- सर्दी-जुकाम के साथ बन्द नाक, गुलाबी मुहाँसे।

कान- कानों के चारों ओर रक्त स्रावी फुन्सियाँ, कानों के पीछे पीड़ा, दुर्गन्धित स्राव।

चेहरा- फीका, ऊपर ओंठ में सूजन।

कंठ- तालु ग्रन्थियाँ सूखी हुई, गले में कठोर श्लेष्मा, कानों में प्रचुर मात्रा में दर्द।

आमाशय- डकारें, आधी रात में कुछ न कुछ करने की आदत, खाने के बाद पेट में दर्द का होना।

मल- रक्तिम अति दुर्गन्धित श्लेष्मा युक्त कठोर मल कब्जियत।

श्वास संस्थान- दमा के साथ बैठने से श्वास कष्ट, वृद्धि, लेटने पर आराम, छाती में दर्द।

बाह्यांग- सन्धियों में दुर्बलता, पैरों में दुर्गन्धित पसीना।

चर्म- मैला गंदला, असहाय खुजली, फुन्सियाँ।

नींद- अनिद्रा।

ज्वर- प्रचुर दुर्गन्धित पसीना।

मात्रा- 200 से उच्चतर शक्तियाँ, दवा बार-बार न दें केवल एक ही मात्रा दीर्घावधि हेतु दें।

76. हाइड्रेस्टिस (Hydrastis)

गला, पेट, गर्भाशय, मूत्र मार्ग किसी स्थान पर हो विशेष प्रकार के श्लैष्मिक स्राव जब होता हो तथा धातु विकारी पुरुषों में अति कमजोरी हो। हाइड्रोटिस वृद्धों तथा आसानी से थकने वाले लोगों, मन्द पाचन क्रिया में कठोर कब्ज, दुबलापन शिथिलता में तथा जब केवल दर्द ही मुख्य लक्षण हो, तब विशेष प्रभावी होता है। चेचक में भी इसका प्रयोग लाभकारी होता है।

मन- उदास, मरने की इच्छा।

सिर- सिर के अगले भाग में दर्द, जुकाम के बाद मसूड़ों में सूजन।

नाक- नजला, पीनस रोग, हर घड़ी नाक साफ करने की आदत।

कान- गर्जन, बहरापन।

मुँह- कालीमिर्च जैसा स्वाद, जिह्वा सफेद और सूजी हुई जुबान के घाव।

गला- प्रदाह, श्लेष्मा युक्त खखारना।

आमाशय- जिगर मन्द, कमला रोग, पित्त पथरी, पाचन क्रिया कमजोर, मन्दाग्नि रोटी या सब्जी खाने में कठिनाई।

उदर- पक्वाशय सम्बन्धी नजला।

पीठ- भारी, उठने के लिए बाहों का सहारा लेना पड़े।

मलांत्र- कब्ज गुदा बाहर निकली हुई, पाखाना के बाद भी देर तक पीड़ा बनी रहे।

मूत्र- पेशाब में दुर्गन्ध।

पुरुष- सूजाक, स्राव पीला।

स्त्री- योनि में तीव्र खाज, मैथुन की इच्छा अधिक।

चर्म- लाल चकत्ते जैसे दाने।

श्वास यन्त्र- सूखी कर्कश खाँसी।

मात्रा- अरिष्ट से 30 शक्ति तक।

77. हाइपेरिकम (Hypericum)

स्नायु में जब चोट लग जाये तो उसकी प्रभावी दवा मानी जाती है। कील आदि के गड़ने से बने घाव तथा शल्य क्रिया के बाद की पीड़ा को कम करना। बवासीर गुदास्थिशुल तथा मलांत्र पर विशेष प्रभाव डालती है। दमा के हमले, जानवरों के काटने पर जलन सुन्न होना, टीस में लाभकारी दवा होती है।

मन- विषादग्रस्त धक्का लगने को बुरा मानना, लगता हो जैसे हवा में उड़ा जा रहा हो।

सिर- भारी मालूम होता हो, थरथराहट, चेहरे का स्नायु शूल, उदासी सिर बड़ा मालूम पड़े आँखों तथा कानों का दर्द, बाल का झड़ना।

मलांत्र- मलत्याग की इच्छा, सूखा मल, खूनी बवासीर।

आमाशय- प्यास मिली, जिह्वा के जड़ पर सफेद मल, शराब पीने की इच्छा।

पीठ- गर्दन की जड़ में दर्द।

अंग- कन्धों में दर्द, पिण्डलियों में ऐंठन, पैर और हाथ की अँगुलियों में दर्द, स्नायु प्रदाह टपकन, सुन्न होना, जोड़ों की कार्यहीनता।

श्वास यन्त्र- दमा जो कोहरे में बढ़े।

चर्म- बहुत ज्यादा पसीना, अकौता, तीव्र खाज के दाने, मुँह के पुराने घाव।

घटना-बढ़ना- बढ़ना ठण्डक में, कोहरा के समय बन्द कमरे में, घटना-सिर पीछे झुकने से।

मात्रा- अरिष्ट से 3 शक्ति तक।

7

बुढ़ापे में वरदान होमियोपैथिक चिकित्सा

चिकित्सा प्रकरण- (रोगों का वर्गीकरण, कारण, लक्षण एवं उपचार सम्बन्धी विवरण)

1. बुढ़ापे में वरदान होमियोपैथी चिकित्सा
2. पेट सम्बन्धी रोग तथा उपचार
3. मुख, गले, नाक, कान, दाँत, आँखों तथा सिर के रोग

बुढ़ापे में वरदान होमियोपैथिक चिकित्सा

होमियोपैथिक चिकित्सा वृद्धवस्था में तो वरदान के समान है। बुढ़ापे में तमाम प्रकार की समस्यायें आने लगती है जैसे- पाचन शक्ति का अभाव, शारीरिक अंगों में शिथिलता, आँखों की समस्या, प्रोस्टेट की समस्या आदि। होमियोपैथिक चिकित्सा से इनका भलीभाँति निराकरण संभव हो सकता है। वृद्धावस्था में तमाम समस्याएँ जैसे शारीरिक समस्यायें, मानसिक समस्यायें, अपने को शिथिल और बूढ़ा अनुभव करने लगना, अपने को अकेला अनुभव करना, बाल-बच्चों में एकात्मता का अनुभव न करना आदि। बढ़ती आयु में मानसिक शक्तियों का भी ह्रास होने लगता है। धमनी काठिन्य (आर्टीरियो स्क्लेरोसिस) भी बुढ़ापे की प्रमुख समस्या होती है। इन सबका निराकरण होमियोपैथिक दवाओं के माध्यम से भलीभाँति किया जा सकता है। वृद्धावस्था में कमजोरी की समस्या प्रमुख है इसके लिए निम्न होमियोपैथिक दवाओं की अनुशंसा की जाती है।

1. **एवाइना सैटाइवा-** यह दवा जई का मदर टिंचर है इससे स्नायुमण्डल सशक्त होता है तथा मस्तिष्क की कमजोरी दूर होती है। नींद का न आना भी प्रमुख समस्या होती है। अतः इन सबके लिए 3-4 बार 10-12 बूँद दवा लेने से बहुत लाभ होगा।

2. **चायना 3X तथा फेरम फास 3X**- इन दोनों को या तो अलग-अलग अथवा मिलाकर लेना चाहिए। इससे कमजोरी दूर होने में सहायता मिलेगी।
3. **कोका मदर टिंचर 2 या 3 शक्ति**- हृदय की धड़कन तथा शारीरिक या मानसिक थकावट दूर करने की उत्तम दवा है।
4. **अलफालफा टॉनिक**- यह होमियोपैथिक का प्रमुख टॉनिक है। बुढ़ापे में इसे लेना बड़ा ही लाभप्रद होता है।
5. **थियोसिनेमाइन 2X**- यह शरीर में कड़ापन को दूर करती है। यह बुढ़ापा को आने से रोकती है। यह पाउडर के रूप में आती है। दो ग्रेन दिन में दो बार दें।
6. **आर्निका 30**- यदि शरीर थका-थका रहता हो तो इसे देना चाहिए। एक बार में 4-5 गोलियाँ लें तथा इसे दिन में 3-4 बार लेना चाहिए।
7. **आरममेट 30**- यह धमनी काठिन्य की लाभप्रद दवा है। इसे पहले एक या दो मात्रा में देकर देखना चाहिए। यदि अनुकूल हो तो आगे देना उपयुक्त होगा अन्थया नहीं, क्योंकि यह गम्भीर क्रिया करने वाली दवा है। इसे 200 शक्ति में भी ले सकते हैं।
8. **वैराइटा म्यूर 6X**- यह भी धमनी काठिन्य की तथा ब्लड प्रेशर की प्रमुख औषधि है। इसे 6X शक्ति का देना ठीक होता है।
9. **बेरेट्रम वीर 6X तथा क्रेट्रेगर**- बेरेट्रम वीर 6X तथा क्रेटेगस का मदर टिंचर 10 बूँद दिन में देने से डायस्टोलिक तथा सिस्टोलिक दोनों प्रकार के प्रेशर नीचे आ जाते हैं।
10. त्वचा के रोगों में ग्रेफाइटिस 200 लेने से त्वचा के रोगों में लाभ होता है। खुश्क एग्जिमा में रस टाक्स 200 विशेष उपयोगी होता है।
11. **सीपिया 30**- 200 त्वचा पर भूरे धब्बे पड़ जाने पर उपयोगी है।
12. क्रोटन टिग 30, 200 अण्डकोशों की खुजली के लिए बहुत उपयोगी दवा है।
13. शरीर पर सफेद दाग (Leucoderma) में आर्सेनिक सल्फ रूब्रम 3 विचूर्ण की दिन में 2 ग्रेन मात्रा लेने से रोग में बहुत लाभ होता है।
14. **गठिया (सन्धिवात Gout)**- सन्धिवात (Rheumatism) बुढ़ापे की प्रमुख समस्या है। इसकी मुख्य औषधि अर्टिका यूरेन्स (मदर टिंचर) है। दिन में 4-5 बार इसके बूँद गर्म पानी के साथ पीने से यूरिक एसिड बाहर निकलने लगता है और रोग में बहुत लाभ होता है।

15. एमेटिम्स- जोड़ों में दर्द की प्रभावकारी की शक्ति की औषधियों में रस-टॉक्स 200 शक्ति की 4-5 गोलियाँ एक बार ले सकते हैं।
16. पीठ के दर्द में यूपैटोरियम 1X की 4-5 बूँदें दिन में 4-5 बार ले सकते हैं।
17. कन्धे के दर्द में सिफिलीनम् 1X- सिर्फ एक मात्रा की 4 गोलियाँ लेकर देखें। दायें कन्धे के दर्द में सेंग्यूनेरिया 6 तथा बायें कन्धे के दर्द में स्पाइजेलिया 30 फायदेमन्द दवायें हैं।
18. प्रोस्टेट ग्रन्थि में सैवल सेरुलेटा के मदर टिंचर की 5 बूँद दिन में गर्म पानी से 3-4 बार लें।
19. नक्स वोमिका 30- बुढ़ापे में पेट के रोगों की प्रमुख दवा है। इसकी 30 शक्ति की एक मात्रा शाम को सोने से दो-तीन घंटा पहले लेना चाहिए।
20. लाइकोपोडियम 3- पेट के ऊपरी हिस्से में गैस हो तो कार्बो, सारे पेट में गैस घूमती हो तो चायना, आँतों में गैस की शिकायत हो तो लाइको उपयोगी दवा है।
21. पल्साटिला 30 से गरिष्ठ भोजन के बाद के कष्ट दूर हो जाते हैं।
22. बुढ़ापे में जिगर रोग- चेलीडोनियम मदर टिंचर जिगर रोग की प्रमुख औषधि है। टिंचर की 10 बूँद दिन में दो बार गुनगुने चम्मच पानी में 2-3 बार दें। यह पित्त की पथरी को भी निकाल देती है। 23 ब्रायोनिया 30 जब पेट के दायें भाग में सुई बेधने का सा दर्द हो तथा चलने-फिरने में दायीं तरफ का दर्द हो, दायीं तरफ लेटने से आराम हो तब यह दवा विशेष उपयोगी होती है। यह मुख्य तौर पर पेट और जिगर की दवा मानी जाती है।
23. नक्स वोमिका 30, 200- शराब पीने या मसालेदार भोजन से जिगर का रोग होने पर उपयोगी। लाइकोपोडियम 30-200, आर्सेनिक एलवम 30, सल्फर 30 आदि दवायें इस रोग में उपयोगी होती है।
24. बुढ़ापे में प्रायः कब्ज बना रहता है। इसके लिए नक्स वोमिका 30, हाइड्रैस्टिस मदर टिंचर एनाकार्डियम 30, एलूमीना-30, ब्रायोनिया-30, साइलेशिया-30, नैट्रम मून 30 प्रमुख दवायें हैं। बवासीर में हैमेमेंलिस टिंचर 6 शक्ति प्रमुख दवा है।
25. बुढ़ापे में बालों का झड़ना- थूजा मदर टिंचर 30, एक प्याला पानी में इसके 10-15 बूँद डालकर बालों की जड़ों में मले।

बुढ़ापे में आँखों की समस्या

बुढ़ापे में मोतियाबिन्द प्रमुख बीमारी है। सिनेटोरिया मैस्टीमा काक्कस मटर टिंचर मोतियाबिन्द रोकने की प्रमुख दवा है। कैटेलाइन (Kataline) भी मोतियाबिन्द के लिए उपयोगी है, यद्यपि यह होमियोपैथिक औषधि नहीं है।

बुढ़ापे में प्रोस्टेट की समस्या

होमियोपैथिक औषधियों में सैबल सैर्रूलेटा मदर टिंचर की 5-9 बूँद गरम पानी में दिन में 3 बार लेना चाहिए। पेरीरा ब्रेवा 4X भी पेशाब एकदम रूक जाने पर या प्रोस्टेट दर्द में दी जानी चाहिए। फेरम पिक्रेटम 3X की प्रोस्टेट बढ़ जाने पर अत्युत्तम औषधि मानी गयी है। प्रूनस स्पाइवोजा 6 प्रोस्टेट शिकायत में लाभदायी है।

बुढ़ापे में डायबिटीज की समस्या

नैट्रम सल्फ 6X बायो कैमिस्ट्री इस रोग की प्रमुख दवा है। दवा की 4-5 टिकिया 3-4 बार लें। फॉस्फोरिक एसिड 1X मधुमेह तथा मूत्र में दोनों में लाभप्रद होता है।

इस प्रकार बुढ़ापे में स्वस्थ रखने के लिए होमियोपैथिक दवाओं का बहुत बड़ा योगदान होता है। प्रायः बूढ़े लोगों को अगर इन दवाओं की जानकारी दे दी जाये तो वे अपने को स्वस्थ रखने में सफल हो सकते हैं और वृद्धावस्था में भी स्वस्थ और सुखी जीवन जीने में सफल हो सकते हैं। अतः होमियोपैथिक दवायें उनके लिए वरदान स्वरूप ही है।

8

अन्य विभिन्न रोगों में सहायक होमियोपैथी दवायें

1. पसीना आना

(a) पसीना अगर बहुत अधिक आता हो तो काली कार्ब 30 प्रति चार घंटे पर देना चाहिए।

(b) पसीना अगर ज्यादा दुर्गन्ध भरा हो तो नाइट्रिक एसिड प्रति चार घंटे पर

2. रंग रूप

सौन्दर्य को बढ़ाने में आयोडियम 1000 पन्द्रह दिन के अन्तराल पर दो खुराकें दें। कीले मुहाँसे के लिए सोरीनम M की दो बूँदें हफ्ते में एक बार लें।

3. थकान

(a) यदि शारीरिक रूप से थके हो तो आर्निका 200।

(b) मानसिक थकान में एनाकार्डियम 30-200।

(c) सामान्य शारीरिक थकान में जिन्सेन Q।

4. एड़ी का दर्द (Heal pain) आर्निका 200, रूटा 30, थूजा 200।

5. वृद्धावस्था के कम्पन में जिकम् लोलियम टेम्युलेटम।

6. शल्यक्रिया (Operation) में होमियोपैथी

(a) आप्रेशन के पहले फॉस्फोरस भय को समाप्त कर देता है। फॉस्फोरस 200 की एक खुराक।

(b) आप्रेशन के दौरान रक्तस्राव के नियन्त्रण हेतु हेमामालिस 30 तथा + केलेडुला 30 दें।

7. जल जाना (Burning) – कैथारिस 30 प्रति आधे घंटे में लें।

8. अनिद्रा

(a) काफिया 200 स्नायविक उत्तेजना के कारण औषधि लेने पर नींद न आना।

(b) बेलडोना 30 निद्रा आती लगती है तो फिर भी नींद नहीं आती।

(c) इग्नेशिया 200, 1M पेट खराबी से अनिद्रा, काफी ज्यादा पीना।

(d) कैलकेरिया कार्ब 200 अधिक विचारों के कारण अनिद्रा।

(e) एकोनाइट नेपल्स 200- बूढ़े लोगों की अनिद्रा हेतु।

(f) लेकेसिस 200 रोगों के कारण अनिद्रा।

(g) नींद में बातें करना वेराइटा कार्ब 200, कोमोमिला सल्फर 200, ब्रायोनिया एल्वा 30।

(h) फॉस्फोरस 30 की केवल 3 मात्रा 5 मिनट के अन्तर से लें और दूसरे दिन से पैसीफ्लोरा क्यू की 20 बूँद सोने से पहले लें, अनिद्रा की समस्या हल करने में बड़ी सहायता मिलेगी।

(i) नक्सवोमिका पहले 30 शक्ति की तत्पश्चात् 200 शक्ति में सेवन करें।

(j) सल्फर 30 एवं 200 शक्ति की कुछ खुराकें लेना इस समस्या में बहुत सहायक सिद्ध होगा।

9. गाड़ी चलाने में उल्टी

(a) **कोकुलस इण्डिका 30**- बस या गाड़ी में सफर करने में अगर मितली आती हो तो इसे यात्रा के पहले लेना चाहिए।

(b) **बोरेक्स 30**- यदि हवाई जहाज में बैठने में भय लगता हो।

10. लू लगना

नेट्रम कार्व, लेकेसिस, नेट्रमम्यूर इसके लिए उपयोगी दवायें हैं। बेलाडोना 30, ग्लोनाइन 6 तथा एकोनाइट का भी प्रयोग कर सकते हैं।

11. लतों से छुटकारा

(a) **तम्बाकू सेवन की लत**- कैलेडियम 30 शक्ति की 10 गोलियों की एक-एक खुराक दिन में 3 बार चूसें।

(b) **सिगरेट पीना**- इस लत से छुटकारा पाने हेतु टेबेकम 200 की 10 गोली प्रात: और 10 गोली रात में लें।

(c) **शराब की लत**- नक्सवोमिका 200 शक्ति की 10 गोली मुख में रखकर चूसें। इसके अलावा इसमें सल्फर 200 शक्ति भी उपयोगी है।

12. चेहरे पर झुर्रियाँ

कैली एनाकार्डियम 30 लाइकोपोडियम 30 समो फास 6X, चक्रिक से दिन में 3 बार दें।

13. शीघ्रपतन की समस्या

सल्फर 200 की 4-5 बूँद खाली पेट दिन में एक बार तथा नक्स वोमिका की 4-5 बूँदें सोते समय लें। इस मामले में एसिडफास 30 एवं कैलेजियम भी उपयोगी है।

14. लिंगोत्थान में कमी

लाइको 200 की 4 बूँद दिन में 3 बार तथा डमियाना क्यू की 10 बूँद प्रातः सायं लें।

15. पैरों में सूजन

हाइपर सल्फा (Heaper Sulfa) बहुत प्रभावी दवा है।

नोट- पुराने रोगों के शुरू में तथा नये रोगों के अन्त में सल्फर देना चाहिए।

16. विवाई फटना

एगारिस 60, आर्सेनिक 30, सल्फर 30।

अन्त में....

हम आशा करते हैं कि प्रस्तुत पुस्तक में होमियोपैथी चिकित्सा संबंधी आपकी सम्पूर्ण जिज्ञासाओं का समाधान हो गया होगा। अपनी अन्य समस्याओं के समाधान हेतु आप हमारे यहाँ से प्रकाशित कोई दूसरी पुस्तक लेकर अपने ज्ञान में वृद्धि कर सकते हैं।

Also Available in Hindi

Also Available in Hindi

Also Available in Kannada, Tamil

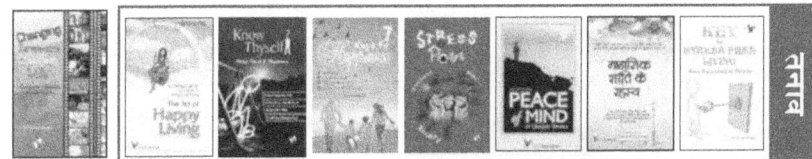

Also Available in Kannada

Also Available in Kannada

धर्म एवं आध्यात्मिकताज्योतिष/हस्तरेखा/वास्तु/सम्मोहन शास्त्र

कैरियर एण्ड बिजनेस मैनेजमेंट

Also Available
in Hindi, Kannada

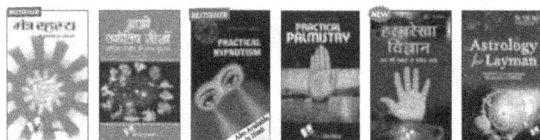

Also Available
in Hindi, Kannada